U0099782

比教科書有趣的
14個科學實驗 Ⅱ

早稻田大學本庄高等學院
實驗開發班／著
陳朕疆／譯

前言

所謂真正的「遠離理科」

平常我在教書的時候，都會盡可能地將我所教的內容與日常生活做結合。為了瞭解現在教的知識是應用在日常生活中的哪些地方，我會拆開相關機械，或者實際到工廠走一趟，再將這些過程中獲得的知識與授課內容結合在一起。

雖然我常有這些想法，但當我想要以一門學問的形式，將理科的樂趣傳達給學生們時，就不得不在課堂時寫出一大堆方程式、證明各種定理，這也是事實。

一方面，對於想進入理工科系就讀的人來說，必須建立起理科學問的嚴謹架構；另一方面，對於那些未來不一定會用到理科學問的人來說，又必須教給他們能豐富生活，或者說是生活中真的用得到的理科內容，這實在讓人相當煩惱。我教課的時候，常常在這兩個目的之間設法取得平衡。

有一次，曾經到荷蘭留學研究的同事，試著比較日本與荷蘭的理科教育，並對我這麼說。

「荷蘭也有『遠離理科』的情況。而日本的情況，與其說是『市民遠離理科』，不如說是『理科正在遠離市民』。」

這段話讓我想了很多。如前所述，我一直致力於讓學生們覺得理科是一門容易親近的學問，但說不定對學生們來說，我的授課內容仍是相當虛無飄渺的存在。

從日常生活中學習也是一種學習方法。這種學習方法不是讓學生從系統性、理論性的架構中學到東西，而是將實際生活中與自己有關的事物當作題材，以各種不同的角度廣泛學習。

教育工作者中，有人贊成這種學習方法，也有人反對，而我則是想要走中間路線。如果在學校學到了這些知識，卻不曉得這些知識會出現在生活中的哪些地方，又無法應用在其他地方的話，那麼這些知識與經驗在我們從學校畢業後的幾十年人生中，就不是必要的東西了。

如果學習內容與日常生活有關的話，或許就能夠讓學生們產生想調查些什麼、想研究些什麼的想法了吧。

除了教授與日常生活有關的內容之外，我認為應該也有必要讓學生們看到書本上有描述，卻不曾親眼看過的現象，或親身接觸不曾接觸過的體驗，讓他們在驚奇中感受到科學的美麗與神奇。現在的理科教育逐漸缺少這個部分，才會讓見識過荷蘭當地教育的同事有那樣的感想不是嗎？

另外，有一次我和一位擔任國中老師的朋友聊天時，他的話讓我留下了很深的印象。那位朋友說「即使我把我覺得很神奇的東西拿給學生們看，他們也不會覺得這很神奇」而露出了很可惜的樣子。於是我問他，那要怎麼做，才能讓他們覺得這些東西很神奇呢？他斷言「需要有足夠的基礎知識才行」。我當下便認同了這個說法。

舉例來說，我們可以讓學生們看看玻璃杯或玻璃珠等透明的東西，讓他們觀察光的折射與反射、使另一側的東西偏向一邊，或者發出彩虹般的光線等現象。這時雖然會有很多學生覺得這很漂亮，但應該不會有學生認為這很神奇。這就跟不覺得「光線可以穿透玻璃」是很神奇的事一樣，因為這已經是他們看習慣的東西了。再者，如果不曉得折射與反射等現象的原理，大概也沒辦法理解這有什麼神奇的吧。

現代的生活中，每天都可以看到各種新奇的事物。全新的技術與相關影片一個個出現在我們眼前，這或許也是讓我們對事物的驚奇感愈來愈疲乏的原因。

獻上可以成為一生寶物的經驗

本書中收錄了十四個實驗，只要在學校老師的陪同下一起做實驗，就一定能夠看到書中的現象。光所展現的神奇模樣、聲音所產生的神奇現象、化學藥品所擁有的神奇力量。每個單元的實驗各自獨立，各位可以從自己有興趣的主題，或者比較簡單的實驗開始嘗試。想必你一定也會像我們第一次做這些實驗時一樣，著迷於這些令人讚嘆的現象。

各位在做實驗的時候，或許會發現我們沒發現的事，也可以從這些實驗延伸出其他各式各樣的實驗。接著，你可能會因為想要解決實驗時想到的問題而開始學習這方面的知識。知識增加之後，或許又會出現更多讓你覺得神奇的事。

就日本的情況來說，學生在某個階段會面對「考試」這個關卡，並且得想辦法通過這個關卡才行，所以他們需要能在考試中獲得分數的教學內容。我並不是要否認這一點。不過，一天……不，只要一週內挪出一點時間接觸科學，從小學、國中一直到高中，這十二年中所累積的經驗，一定會成為一生的寶物。

從前作《比教科書有趣的14個科學實驗 I》出版至今已經過了三年（注：指的是日本原書的出版時間），在這段期間內，我們收到了許多讀者的寶貴意見與建議，讓我們這些作者學到了不少東西。在這裡向各位致上最誠摯的謝意。

為了回應各位的熱情，我們也努力寫出了第二本書。與上次一樣，如果這本書可以讓許多人開始對科學產生興趣的話，對筆者來說就是再好不過的事了。

希望本書所介紹的實驗，能夠為各位讀者帶來寶貴的經驗。

2018年5月

作者代表

影森　徹

《比教科書有趣的14個科學實驗 II》 目錄

※本書中標示的金額皆為台幣。

實驗時的注意事項

- ☐ 本書中所提到的實驗，主要是以高中以上的學生為對象，並預設教師在旁監督所設計出來的。請一定要避免學生在教師無法監督到的地方獨自操作這些實驗。
- ☐ 若實驗中會用到火的話，操作時必須十分小心。
- ☐ 實驗前，請一定要至SDS（Safety Data Sheet，安全資料表）確認書中列出之藥品的注意事項，致力防止事故發生。
- ☐ 實驗前，一定要確認實驗用的器具、藥品無異常才可使用。
- ☐ 實驗前，一定要仔細閱讀實驗步驟，並照著步驟進行實驗。
- ☐ 實驗時要盡可能避免露出皮膚。必要時最好戴上防護眼鏡與手套。
- ☐ 若實驗中會用到電的話，有發生觸電、灼傷等意外的可能，請小心進行實驗。
- ☐ 實驗的難易度愈高，危險程度就愈高。進行高危險程度的實驗前，請先進行預備實驗，徹底做好安全管理後再進行實驗。
- ☐ 萬一發生實驗意外的話，請先冷靜下來確認意外的內容、程度，再進行適當的緊急措施。
- ☐ 確認過以上內容後，亦須遵守實驗說明本文中提到的注意事項，在安全第一的原則下進行實驗。
- ☐ 參考本書進行實驗時，即使因意外造成損失、傷害，作者、出版社，以及其他相關者亦不承擔任何責任，請務必瞭解。

沒想到瓦斯那麼厲害！大場面的爆炸實驗

難易度 ★★★★☆

對應的教學大綱 化學基礎／熱運動與物質的三態

化學基礎／氧化與還原

做菜、暖氣、燒熱水……我們每天都理所當然地使用瓦斯。藉由實驗，除了能重新認識到瓦斯的危險性，還能用手邊的道具實際體驗其燃燒速度和衝擊波。

利用最危險的日常用品「瓦斯」，製造出可比擬炸藥的衝擊波

從一般家庭到實驗室，各位所看到的日常用品中，哪種最危險呢？不是菜刀，也不是煙火，是瓦斯。瓦斯不僅可燃，還有著很高的蒸氣壓，只要有小小的火苗，就會引發嚴重的爆炸事故。想必各位應該也常在新聞上看到瓦斯桶的爆炸事故，或者是瓦斯洩漏所引起的火災造成人員傷亡……可見瓦斯的危險性絕對不容小覷。我們平常使用瓦斯時，大多不太會意識到瓦斯的危險性，但事實上，瓦斯或許還比香菸或刀具更加危險。

仔細想想，打火機就是一種高壓瓦斯的點火裝置。因為用起來很方便，乍看之下好像沒什麼危險，但如果在夏天時把打火機放在車上的話，就有可能會引起火災。另外，比起打火機，我們的周圍更常看到噴霧裝置，其中就有不少噴霧裝置含有可燃性氣體。舉例來說，殺蟲器與除蟲噴霧、運動後使用的噴霧式鎮痛消炎劑等，一般來說都含有可燃性氣體。如果忽略了這點，在大量使用噴霧裝置後點菸的話，就會因火花而產生爆炸事故……這種看似玩笑卻讓人笑不出來的事，時常發生在我們的周遭。

把瓦斯的危險性大致講過一遍之後，可能會讓各位以為接下來的實驗中不會用到瓦斯吧。但其實，我們接下來要介紹的實驗，正是要用可燃性氣體來做一次華麗浮誇的表演。

如果只是讓瓦斯燃燒，產生很大的聲音的話，大概只會被認為是玩具等級的東西。我們要做的實驗等級更高，不是爆發性的燃燒，而是超音速的氣體急速熱膨脹，伴隨著衝擊波而產生的「爆炸（爆轟）」。即使是引爆炸藥，如果沒有適當環境的話，也難以達到如此劇烈的化學反應。而本實驗中，將會使用相對安全、容易取得的可燃性氣體作為材料，讓學生親自體驗爆炸的威力。

當然，因為我們是用可燃性氣體來做實驗，所以必須特別小心進行每個步驟。就算實驗裝置很簡單，也會產生震撼力十足的聲音，讓人親身體會爆炸時的燃燒速度與衝擊波。而實驗後半部所介紹的三室型裝置，可以產生接近完全爆炸的現象，這可以用在不使用炸藥的衝擊波實驗，或者用來製作追捕野獸的裝置。

基本實驗

01 用手持噴槍進行簡易爆炸實驗

準備材料

露營用瓦斯噴槍：使用卡式爐瓦斯罐作為燃料的噴槍裝置。可在大型居家用品店以400多元的價格購得。

洗衣機的蛇腹型排水管：洗衣機的排水用水管，粗細要剛好可以塞入鷹架用單管金屬管內。

鷹架用單管金屬管：非常便宜的鷹架用金屬管，通常是以2、3公尺為單位販賣，可以請大型居家用品店幫忙切成1公尺以下的長度。

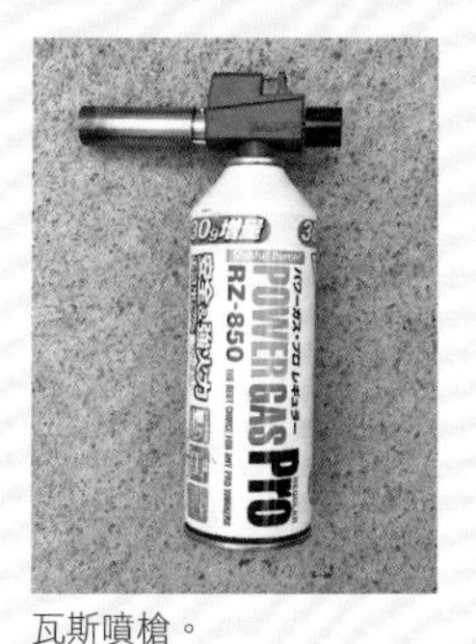

瓦斯噴槍。

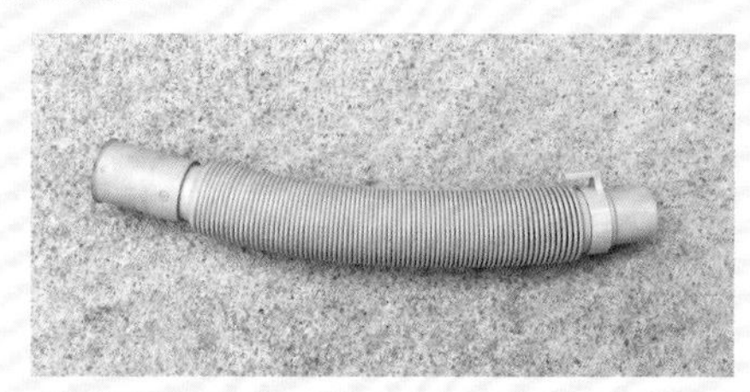

洗衣機的蛇腹型排水管。

一定要先把蛇腹型排水管塞入金屬管後再點火。由於點火之後排水管可能會激烈擺動彈跳，為了防止排水管破裂、碎片飛散傷人，請一定要把排水管塞入金屬管後再點火。

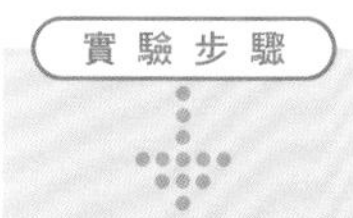

1 在未點火的狀態下打開噴槍的旋轉栓，讓瓦斯流出，然後將噴槍口接上塞在金屬管內的蛇腹型排水管，再按下點火鈕。

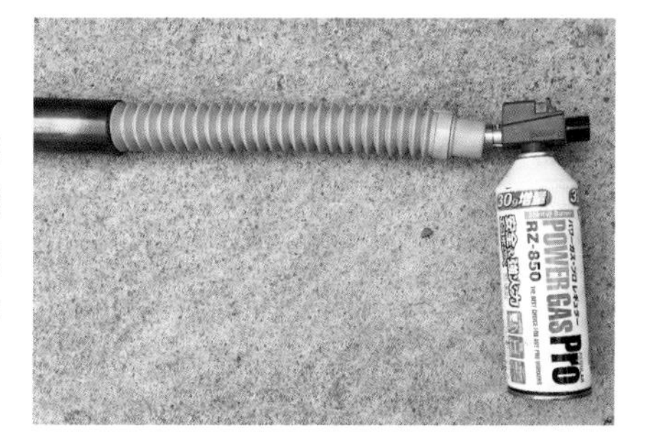

解說

＊所謂的爆炸

爆炸（爆轟，Detonation）是最激烈的燃燒形式，是以超音速傳播燃燒的現象。一般的燃燒現象，火焰僅會以每秒1公尺左右的速度傳播出去，而爆炸時，火焰則會以每秒1000公尺以上的速度傳播出去。因此爆炸會產生強烈的衝擊波，並伴隨著很大的爆炸聲響。這種以爆炸現象來產生巨大聲響的裝置，我們又稱之為爆炸加農砲（Detonation Cannon，將於後文介紹）。

在前面提到的簡易實驗中，使用在大型居家用品店買得到的材料，就可以製作出實驗裝置，而且製作步驟很簡單，可以讓學生充分感覺到其中的原理。如果在沒有蛇腹管的狀態下注入氣體點火的話，只會產生「啵」的聲音，看到沒什麼威力的爆燃（Deflagration）現象；不過如果在鐵管內塞入蛇腹管再點火的話，就可以產生像拉砲般清脆而響亮的聲音。由於這是瞬間產生的現象，熱能來不及傳導至整個容器，故不會對容器造成很大的熱負荷。所以一般來說，也沒有必要特別準備冷卻裝置。

＊用三室型爆炸加農砲產生爆炸聲響

若將這個實驗進一步延伸，可以製作出名為「爆炸加農砲」的裝置，產生更驚人的爆炸聲響。

爆炸加農砲點火時的樣子。

鐵製的第三室（最右方）因衝擊使方向偏了一邊。

這個裝置中最重要的地方，在於將爆燃轉變成爆炸現象時不可或缺的「亂流促進」過程。「亂流促進」如其名所示，就是在筒形裝置內的氣體流動路線上，設置障礙物擾亂氣體流動，藉此擾亂火焰的傳播。燃燒路徑被擾亂時，某些區域的火焰會變得不穩定，使這個區域的燃燒速度急速上升。這個從爆燃轉變成爆炸的過程，也稱為DDT（Deflagration to Detonation Transition）。

產生爆炸的方法有很多種，像是用固體炸藥或雷射等高能量裝置直接引爆混合瓦斯，使氣體當場產生爆炸現象的「直接引爆」；或者是善加利用亂流，使火焰燃燒速度上升的「亂流促進」；以及用氫氣－氧氣等易爆炸的氣體引爆的方法等等。前面的實驗就是用實作起來最簡單的的亂流促進法來產生爆炸。

當火焰傳播距離有10公尺左右時，就有可能讓爆燃轉變成爆炸，但這也表示我們需要那麼長的長筒才能觸發爆炸，並不實用。不過，只要應用亂流促進的方法使火焰速度瞬間提升，就有可能將長筒縮短成1公尺左右來觸發爆炸。

螺旋狀結構與孔洞結構（orifice）都有亂流促進的效果。螺旋狀結構就是像彈簧般一圈圈往前繞的樣子，而孔洞結構則是將開有孔洞的板子放入長筒內，藉此促進亂流產生（實驗01中提到的蛇腹型排水管，其往內凹陷處就相當於孔洞結構，可以促進內部氣體產生亂流）。

充滿了爆發性混合氣體的較大反應室（chamber）內，也可以引爆氣體。如果第一段反應室的內徑為50mm左右的話，第二段的內徑則應該要在100mm以下。要是長筒太粗的話，火焰抵達這裡時會失去原本的速度，威力也會跟著下降。若要讓火焰能維持一定的速度，管徑擴張的程度就不可以太過誇張。

＊爆炸需要的氣體混合比例

爆炸所需的最佳氣體混合比例，可以由化學計量理論來決定。我們知道各種可燃性氣體有所謂的「爆炸極限」，也就是要在什麼樣的比例範圍內才能夠讓氣體產生爆炸，因此必須製作出能將各氣體比例調整在這個範圍內的裝置。

在前面的實驗中，我們使用能使氣體完全燃燒的瓦斯噴槍作為混合裝置，不需再做其他處理就能直接用於實驗。因為瓦斯噴槍本身就是可以混合出最佳比例之氣體的裝置，故只要將噴槍前端插入反應室內，注入氣體，就可以讓反應室內充滿以最佳比例混合的氣體。

丙烷	2.1～9.5%
丁烷	1.8～8.4%
DME（二甲醚）	3.4～26.7%

由上表可以知道，丙烷與丁烷的最佳氣體混合比大致相同，而且可產生爆炸的範圍相當小。另一方面，DME可產生爆炸的範圍則相當廣，因此我們不需將DME調整成精密的混合比例，應該也可以產生爆炸才對。

不過，即使將使用DME的空氣吹氣槍裝在瓦斯噴槍上，也沒辦法得到最恰當的混合氣體。因此需要另外製作氣體混合裝置才行。這個裝置需要

複雜的製作技術才做得出來，難以在簡短的篇幅中說明完畢，故暫且省略這個部分。

如左頁左邊的照片所示，我們在氣體注入口旁設計了一個可調整流量的孔洞，使外界空氣可以被吸進燃燒室內進行反應。

筒狀部分（第一燃燒室）內裝有促進亂流的金屬墊圈，相當於在符合內徑的單管內裝上交互排列的孔洞結構（第二張照片）。這個結構可以產生亂流，引起爆炸。而在其尾端的第二燃燒室於反應前會先充滿最佳混合比例的可燃性氣體，當第一燃燒室的衝擊波到來時就會引起爆炸，故不需要亂流促進結構。

＊日常生活中常使用到的瓦斯

接著就來說明存在於我們周圍的代表性瓦斯氣體吧。不只是實驗室，在我們的周圍其實就存在著各式各樣的氣體存放裝置。打火機使用的是以丁烷為主的可燃性氣體，而卡式爐則通常使用液化石油氣（以丙烷、丁烷為主成分），還有以甲烷為主的天然氣瓦斯。另外，空氣吹氣槍或殺蟲劑使用的是DME（二甲醚）或氟氯碳化物（不容易起火，但不表示不可燃）；啤酒打泡機與水族箱用的水槽用品則是使用二氧化碳的高壓儲氣槽……光是這裡介紹的產品就有相當多樣。

說些題外話，日語「ボンベ（儲氣槽）」這個字的語源有許多種說法，不過一般認為這個字是來自德語的Bombe（炸彈），推測是原意為瓦斯炸彈的Gasbombe，不知從何時起意思轉變成儲藏瓦斯的容器。雖然一般人是這麼認為，但並沒有人可以確定。由於德語的Bombe並沒有瓦斯容器的意思，所以這恐怕是誤譯傳開後所造成的誤會。英文的儲氣槽稱為gas cylinder或者是tank，因此如果在網路上以「gas bombe」搜尋圖像的話，只會出現日語的網站（若指的是儲氣槽內的瓦斯，英文大多會以bottled gas這個字來表示）。

再多說點題外話，如化學相關工作人員所知，高壓氣體儲氣槽會以顏色來區分不同氣體，氧氣為黑色（內部為氣態高壓氧氣時為黑色。若是液化氧氣則是灰色）、氫氣為紅色、乙炔為褐色、二氧化碳為綠色、氯氣為黃色、氨氣為白色。另外，氯化氫氣體與笑氣（一氧化二氮）皆為灰色。

這些高壓氣體在日本法律上被分成可燃性氣體、不可燃氣體、助燃氣體、毒性氣體，另外還將甲矽烷、氟化砷、磷化氫等在工業上相當重要，但危險性很高的氣體歸類於「特殊材料氣體」。日本就有十多種國家證照考試與這些高壓氣體的取用與分裝有關。由此可知，高壓氣體的種類與使用狀況相當多樣，從一般人無須任何證照就可以使用的氣體，到工業上使用的危險氣體都有。

以下先大略整理出了我們日常生活中最有可能接觸到的幾種可燃性氣體。

＊液化石油氣

液化石油氣是最普及的可燃性氣體，是石油提煉過程中，將最輕且低分子的成分分離出來的產物。主要由丙烷與丁烷等低分子烷類組成，這些分子混合物的沸點約在-40℃左右。因此，如果是要在高地使用的卡式爐瓦斯罐，有些會另外添加異丁烷等蒸氣壓較高的成分，使瓦斯的壓力不會降得太低。為了在瓦斯洩漏時能讓人察覺，還會添加硫醇等有臭味的分子，為瓦斯賦予氣味。

＊丁烷瓦斯

性質與液化石油氣大致相同，提煉後的產物會用於打火機燃料上。沸點為0℃，故在極端低溫的冬天，打火機可能會無法噴出氣體（因此，有些商品會添加異丁烷）。丁烷瓦斯大部分都沒有添加臭味氣體，為無臭瓦斯。

＊天然氣

主要成分為甲烷。沸點相當低，只有-162℃，故很少看到它以液態瓦斯的形式存在。與液化石油氣一樣會添加臭味氣體，洩漏時會聞到讓人不舒服的臭味。以前提煉天然氣的產物會含有數%至10%左右的一氧化碳，因此有些人會把它當成自殺的工具。但現在的產品幾乎都不含一氧化碳，故已經很難用天然氣來自殺了。相反的，倒是有人在自殺失敗後，忘了自己有開瓦斯而點起菸來，引起瓦斯爆炸而造成嚴重的事故。

＊DME（二甲醚）

近年來的殺蟲劑或噴霧式消炎鎮痛劑所使用的氣體大多是名為DME的氣體。在商店裡的殺蟲劑專區中，也有販賣可直接噴出DME液化氣體的商品，噴出的DME可以用-25℃的低溫凍結昆蟲，藉此達到殺蟲的目的。

作為燃料氣體使用的DME，燃燒能力與丙烷氣體大致相同。雖然DME發熱量偏低，但它不含硫，燃燒時不會產生煙等，有著對環境比較友善的優點。

另外，DME的沸點為-25℃，介於液化石油氣的約-40℃與丁烷的0℃之間，用一般噴霧器等級的高壓容器便可將其輕鬆液化，運送、操作上也比較安全，於是相關產品推出後便立刻被廣為使用。

製造DME時，需要將含有大量甲烷的天然氣與一氧化碳、氫氣混合，合成出甲醇，再經過脫水的步驟做成DME。近年來，則會使用吸附了銅或鋅鉻等金屬的氧化鋁作為觸媒，在250～320℃、30～70大氣壓力下直接合成出DME。隨著新方法的普及，DME的價格也變得更為便宜。

＊氫氣

氫氣是可以由電解產生的可燃性氣體。氫氣有很廣泛的爆炸極限，只要簡單混合氫氣與氧氣或氫氣與空氣，便可得到爆發性相當高的氣體。就單位重量而言，氫氣的發熱量非常大，能量密度是一般化石燃料近兩倍。不過氫氣較難壓縮，液化後密度也提升不了多少。太空梭最大的燃料槽存放的就是氫氣，可見氫氣真的佔了不少體積。氫氣即使液化，密度也不會增加太多，而且液化氫氣需要將其冷卻至20K（克爾文）的超低溫度才行。若要將氫作為燃料使用，實務上通常會將其製成化合物形式的燃料。像是DME（二甲醚）或者是氨等化合物，這些化合物的密度較高，可以有效降低運送成本。我們也可以用燃料電池的形式，應用燃燒氫時所產生的能量，DME與甲醇等分子也可用在燃料電池上。有研究指出，作為汽車的動力來源，比起往復式引擎，氫用在汪克爾引擎上的效率會更好。就氫的應用來說，如何克服氫的低密度問題，是一個很大的重點。

從寶特瓶蓋
萃取出燃油

難易度 ★★★★☆

對應的教學大綱
科學與人類生活／物質的科學
化學基礎／物質與化學鍵

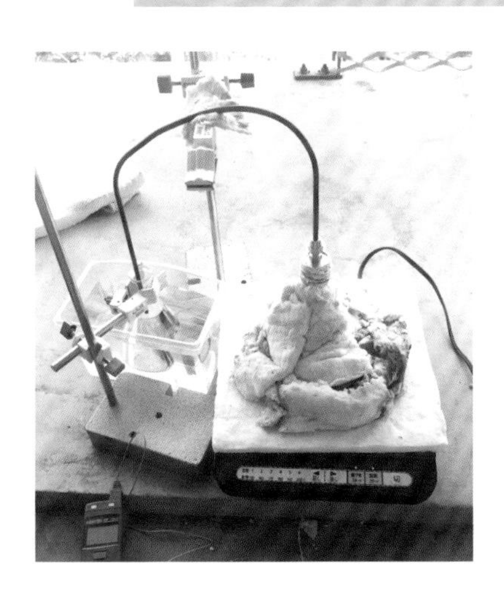

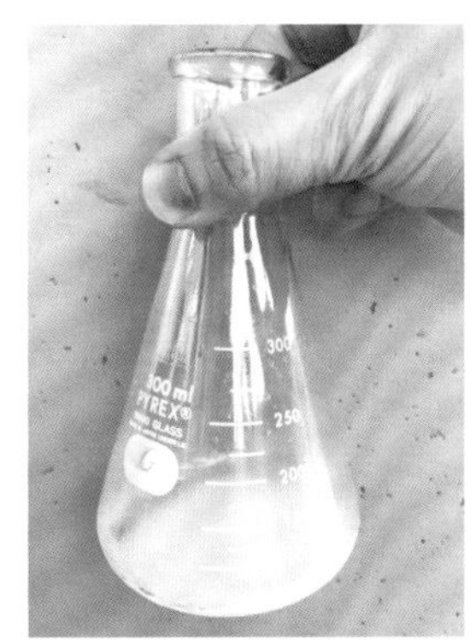

實驗主題

塑膠是現代生活中不可或缺的東西。本實驗將使用原本被當成垃圾丟掉的東西製成燃油，讓學生們重新認識塑膠是什麼。

試著從微觀的角度
來看待塑膠

各位的生活周遭都可以看到各式各樣的塑膠。這些塑膠皆屬於石油化學工業的產品，也就是說，它們都是以石油為材料製作而成的東西。

以下將介紹將這些固態塑膠轉變成液態燃油的實驗。若能親眼看到塑膠轉變成燃油的過程，想必會成為學生們開始從分子的角度看待物質的契機吧。

眾所周知，回收廢棄塑膠再利用的方式有很多種，像是將其溶化後再製成固體纖維之類的。不過卻很少人知道我們可以把塑膠低分子化，再把它當成燃料來使用。

塑膠是由無數個碳氫化合物相連組成的龐大聚合物。不過，這些高分子化合物原本也是由許多小分子組成，如果可以把它們變回原來的小分子的話，便有可能將其當成再生資源使用。這次我們要介紹的實驗，就是要將塑膠變回小分子的碳氫化合物，製造出揮發性的燃料（汽油）。

不過，這個實驗需要相對高溫的熱源，就像學校實驗室內可以看到的加熱包（mantle heater）那樣。然而，加熱包的加熱效率很低，相當耗費時間。因此我們這次使用的是IH電磁爐。IH電磁爐是使用電磁感應加熱的調理工具，十分方便。它的特徵在於可以在不接觸鍋具的情況下，以很高的效率為鍋具加熱。另外，因為不需接觸鍋具，故不像鎳克鉻加熱器那樣，易受腐蝕性氣體影響。IH電磁爐的加熱效率之所以那麼高，是因為它可以讓鍋具快速升溫，而且最近價格也愈來愈便宜了，有些只要1000多元就能買到。使用一般插座的家庭用電磁爐，其最大功率雖然可以達到1500 W，不過我們會先介紹該如何操作IH電磁爐，將其當作便利的高溫熱源來使用。

延伸實驗

01 用IH電磁爐產生超高溫環境

準備材料

牛排用平底鍋：鑄鐵製平底鍋。平底鍋大小依IH電磁爐的大小而定，最好能在15～20cm左右，可以用幾百元的價格購得。以鐵氟龍加工過的平底鍋在超過350℃時會釋放出有害氣體，請不要用這種平底鍋。

溫度計：會加熱到700℃以上，須選用能耐此高溫的溫度計。

陶瓷纖維布：可以在網路商店購買到30cm左右的片狀，只要兩三塊就夠了。

IH電磁爐：可以用1000多元購得。

坩堝、鋁

牛排用平底鍋。

使用火的時候一定要特別小心。另外，本實驗會產生非常高的溫度，請注意不要被燙傷。

實驗步驟

1 將鑄鐵製成的平底鍋直接放在IH電磁爐上，以最強火力乾燒加熱至280℃。

實驗步驟

2 於IH電磁爐上方墊上隔熱材料（陶瓷纖維布。厚度約10mm左右即可）再繼續加熱。這次加熱到400℃。

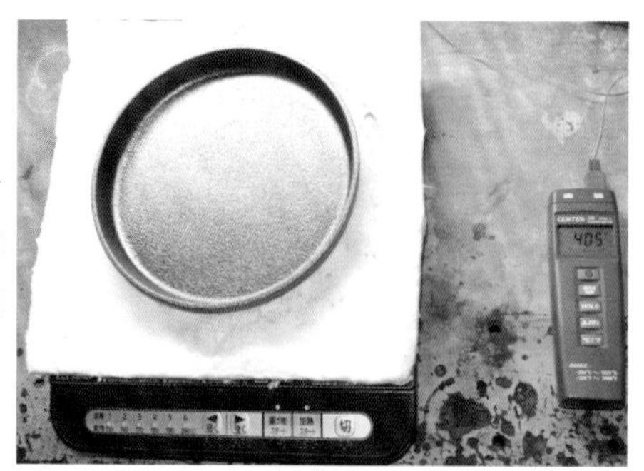

3 為防止平底鍋以輻射方式散失熱量，以陶瓷纖維布蓋住平底鍋本身。接著再加熱至700℃，直到可以確認到鐵燒紅的樣子。或許是因為隔熱不夠充分，加熱到700℃時會觸發IH電磁爐的溫度感應器，強行停止加熱。故這個溫度就是極限了。

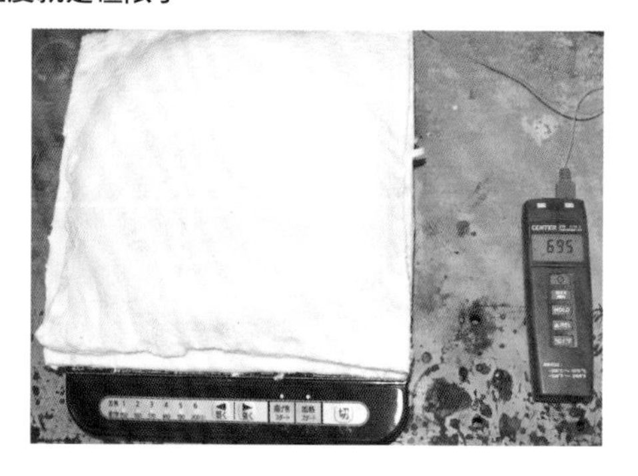

掀開隔熱材料看看裡面的狀況，可以發現平底鍋被燒成了紅色。只要10分鐘左右就可以提升溫度到這個程度。

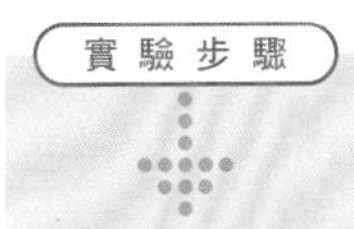

4 將裝有鋁的坩堝放在平底鍋上試試。

5 由於溫度比鋁的熔點還要高，故鋁會熔化。

＊IH電磁爐可以加熱到多高的溫度？

鑄鐵製的平底鍋是一種相當適合以IH電磁爐加熱的調理器具。就加熱原理而言，IH電磁爐適合用來加熱電阻高、最好還是磁性材料的器具。鑄鐵是很強的磁性材料，電阻也很大，故若要用IH電磁爐加熱，鑄鐵會是相當適合的材料。

鑄鐵的熱容量大，不容易冷卻，故可用來製作煎牛排專用的調理工具，市面上可以找到各種大小的產品。用圓形的鑄鐵鍋來進行這個實驗會比較方便。而直徑取決於IH電磁爐的大小，使用約15cm到20cm左右的平底鍋就可以了。如果鑄鐵表面烤製了強韌的玻璃質外層，也就是琺瑯層的話，可以提高鑄鐵鍋對藥品的耐受度。琺瑯非常堅硬，化學性質也相當穩定，但對於急速加熱或急速冷卻之溫度衝擊耐受度較低，若將其加熱至700℃後突然拿出置於空氣中，會因為急速冷卻而使表面出現裂痕或是剝落。如果想要加熱有腐蝕性的東西，或者想要避免生鏽的話，可以使用有琺瑯層的鑄鐵鍋。不過，和單純的鑄鐵製平底鍋比起來，有琺瑯層的鑄鐵鍋產品種類較少，而且也比較貴。

順帶一提，由於鐵氟龍在350℃以上時就會開始劣化分解，釋出有害氣體，故有鐵氟龍塗層的平底鍋不適用於這個實驗。

＊IH電磁爐可以加熱到多高的溫度？

首先請將鑄鐵製平底鍋直接放在IH電磁爐上加熱。IH電磁爐內部有溫度感應器，一般來說，會限制200℃左右為可設定的最高溫度。

在裡面沒有加水，也就是所謂的乾燒狀態下加熱時，最高可以使溫度上升到280℃。對鑄鐵製的平底鍋來說，這個溫度不是什麼問題，不過要是乾燒到300℃左右的話，調理器上的安全裝置就會強制停止加熱，使我們無法進行300℃以上的實驗。要是不想想其他處理方法，就這樣讓溫度超過300℃的話，很可能會使調理器具損壞。

因此，我們可以試著用隔熱物質，將IH電磁爐的溫度感應器與欲加熱的東西隔開，保護感應器，讓IH電磁爐的表面溫度不會超過危險值，同時還能繼續加熱平底鍋，提高它的溫度。

而我們的方法也很簡單，只要將陶瓷纖維布鋪在IH電磁爐上，不讓IH電磁爐和平底鍋直接接觸就可以了。使用約10mm厚的陶瓷纖維布即可。要是太薄的話，隔熱效率太差，平底鍋的熱量就會傳導到IH電磁爐上，觸發溫度感應器停止加熱；要是陶瓷纖維布太厚的話，會讓平底鍋離IH電磁爐太遠，加熱用磁場難以作用在平底鍋上，使加熱效率降低。

光是將隔熱用的陶瓷纖維布鋪在平底鍋與IH電磁爐之間，就可以讓平底鍋的溫度一口氣上升到約400℃。這時我們可以感受到平底鍋釋放出強烈的熱輻射，或者說平底鍋的熱會以紅外線的形式輻射散逸，造成熱能大量損失。由於這次實驗需要的溫度比400℃還要高不少，故我們還得再想想其他辦法。

＊將平底鍋本體隔熱處理後，便可加熱至700℃左右！

既然知道熱輻射會使平底鍋散逸掉許多熱能，用隔熱材料蓋住平底鍋的上面，應該就可以有效阻止熱能散逸才對。這裡一樣用10mm厚的陶瓷纖維布即可。如此一來，平底鍋便會完全被陶瓷纖維布上下包住，使熱能不易以紅外線輻射的形式散逸，還可以防止熱能以對流形式散失。

這個狀態下的平底鍋溫度可以提升到700℃左右。這個溫度的平底鍋會呈現出燒紅的樣子，到了這個溫度，光靠10mm厚的陶瓷纖維布已經無法充分隔熱，IH電磁爐的溫度感應器會感應到平底鍋的高溫，進而停止加熱。故這個溫度可以說是加熱的極限。

700℃高於鋁的熔點（約660℃），故可以在這個溫度下熔解鋁並重新鑄造。其他像是脫水處理、碳化處理、灰化處理等，亦可在這個溫度下進行。由於使用的加熱體是便宜的鑄鐵平底鍋，故就算用它來加熱鹵素、硫化物、磷化合物等可能會損壞調理器材的化學物質，也不會心疼。使用IH電磁爐這種相對容易取得的工具，就可以輕鬆達到近700℃的高溫，對需要高溫環境的實驗來說，這可以說是相當方便的方法。

基本實驗

02 由塑膠垃圾製造出燃油

準備材料

寶特瓶的蓋子：盡可能選擇無色的瓶蓋。

沸石：可在大型居家用品店找到，以烤魚時鋪墊用的石頭之形式販售。用剩的沸石可以用來做沙浴。

擴管器：可在大型居家用品店的空調銅管配線專區找到，是可以將銅管末端擴張成喇叭狀的工具。

銅管：同樣可在空調專區找到，不過有些店家分類可能不太一樣，請搜尋冷媒用銅管。

鐵管帽：可在空調專區找到。

水管帽：可在大型居家用品店的水管專區找到。用鍍鋅產品即可。

耦合器：請選用適合水管帽大小的耦合器。

實驗01中所使用的IH電磁爐（沒有的話也可以用加熱包）、錐形瓶、鑽頭

請先將寶特瓶蓋用斜口鉗之類剪細。

注意事項 請不要放入寶特瓶蓋以外的東西。

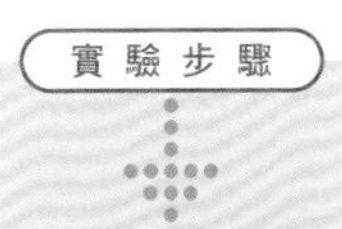

1 將水管帽的一邊當成水管的蓋子，另一邊則用鑽頭開一個洞，用其他工具鑽出螺紋後裝上耦合器。用擴管器將銅管擴張成喇叭狀，再將銅管接上耦合器。

2 將水管的另一邊蓋上鐵管帽，組合成一個容器。放入沸石至容器的1/3。

3 以斜口鉗將寶特瓶蓋剪成細條狀，放入容器內，如照片所示。把它塞得緊一點也沒關係。

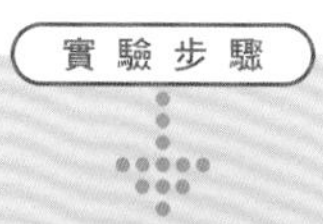

實驗步驟

4 實驗裝置的整體樣子。將內部塞有寶特瓶蓋的水管放在IH電磁爐上，以陶瓷纖維布包覆住。彎曲銅管，以將產物引導至錐形瓶等裝置，並將裝置放在冷水內用以冷卻產物。

5 開始加熱。溫度可上升至400℃左右。當然也可以用加熱包加熱，或者用瓦斯爐直接以明火加熱，但須特別注意溫度管理，避免引發火災。

6 經過30分鐘左右沸石內的水分便會全跑到錐形瓶內；經過45分鐘左右，錐形瓶內會累積不少燃油質的油。這次我們從8.8g的寶特瓶蓋中，回收了4.2g的燃油。

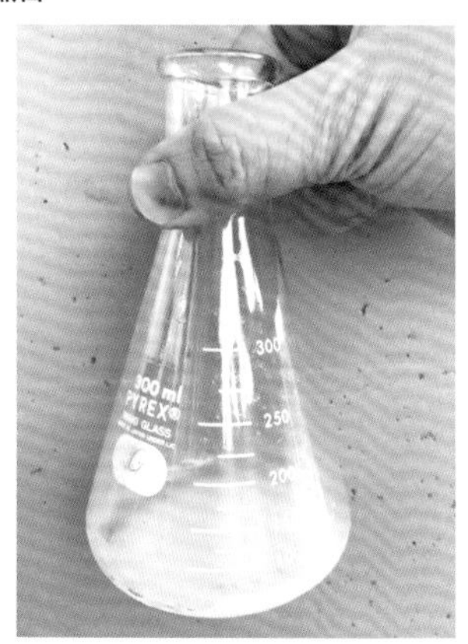

＊適合油化的塑膠

並不是所有塑膠都能做成燃料。塑膠的種類非常多，有些適合油化，有些則不適合。

・可以油化的塑膠

聚乙烯

聚丙烯

聚苯乙烯　等等

具體來說，包括寶特瓶的蓋子、保麗龍、塑膠砧板等產品。或者可以這樣想，僅由碳與氫元素所組成的塑膠，大多沒什麼問題。

・無法油化的塑膠

聚氯乙烯

PET

環氧樹脂

鐵氟龍　等等

也就是說，塑膠水管和寶特瓶本體無法油化。若塑膠內含有氯、氟等鹵素，或者是氮、氧等元素的話，便無法油化。也請避免使用上面標註含有變性胺類或者是酯類的塑膠。

＊碳氫化合物的裂解

只要將塑膠加熱就可以使其分解為小分子，但如果只有加熱的話，分解的效率相當低。故我們需要使用適當的催化劑，使反應所需要的能量下降。進行塑膠油化反應時，沸石就是一種相當適合的催化劑。若在反應物中加入沸石，便可使反應溫度降至300℃至400℃左右，使塑膠更有效率地分解成小分子。

使用沸石作為催化劑，可使分子較大的碳氫化合物分解成小分子碳氫化合物。這個過程又稱為「裂解」，也是我們獲得輕油的方法之一。碳氫化合物分子會進入沸石的細微結構內，使其在加熱時，分子鍵結更容易被切斷。這是目前認為的反應機制。

雖然都叫做沸石，但沸石其實也有很多種。較便宜的沸石是以礦物作為原料製成的產品，這種沸石可以做成瓦斯爐的鋪墊材料或除臭材料，於大型居家用品店販賣。在化學領域中，於精密的品質管理下製成的沸石可當作分子篩使用、販賣。要想知道哪些適合用來做實驗、哪些不適合的話，就只能把買得到的沸石產品都買來試試看才能確定了。就筆者的實驗來說，我在大型居家用品店買了數種烤魚用或除臭用的沸石製品來一一測試，這些產品最後都能成功完成油化實驗。

*裝置與材料的注意事項

這個實驗需要長時間讓裝置保持高溫。我建議將前一個實驗中提到的IH電磁爐直接用在這個實驗上。不過，如果身邊有加熱包或加熱板可以加熱到500℃左右的高溫的話，也可以用在這個實驗上。

本實驗裝置使用錐形瓶作為收集產物的容器，並使裂解後的產物經由銅管流出。在很高的溫度下進行反應時，會蒸發出焦油般的物質。這種東西在冷卻後會變成難以去除的油污，故最好使用實驗後可以再度加熱去除油污，或者是便宜、可以用完就丟的器材來做實驗。

本實驗中所分解的塑膠是寶特瓶的瓶蓋。請盡可能選擇沒有顏色的瓶蓋。因為我們不曉得廠商是用什麼方式將墨水印在瓶蓋上的，保險起見還是不要用比較好。

*反應溫度與生成物

反應溫度是一大重點。要是溫度太低的話反應便難以進行，要是溫度太高的話便會產生未充分分解的石蠟質產物。使用不同的催化劑，會有不同的最適反應溫度，沸石的話大致上會在400℃左右。

反應所得的產物是略為混濁的黃白色液體，且有一定的黏稠度。雖然會有強烈的汽油臭味，但這正是產物已從塑膠轉變成小分子輕油的證據。由於室溫下產物仍有一定的黏稠度，故推測裡面應該還混有不少石蠟質的高分子。如果沒有在100℃以下的環境進行精密的蒸餾步驟的話，便很難將這些石蠟成分去除。要是將沒有精製過的產物用在汽油引擎等內燃機上，很容易會造成管線塞住，故這樣的產物不能用來代替汽油。相較於用來做實驗的寶特瓶蓋的量，我們得到的輕油產物其實非常少。有很大一部分產物是比己烷還要小的小分子，這些分子的蒸氣壓比較高，在實驗過程中就會散逸掉。

＊實際燃燒看看

取少量產物，置於有一定耐熱程度的器皿上，試著點火燃燒。由於是在室溫的環境下點火燃燒，故可以知道裡面含有相當於汽油的產物，輕質化是成功的。如果是相當於煤油的產物，就沒有辦法在室溫下點火燃燒。燃燒時產生的黑煙與臭味，也與汽油燃燒時的樣子幾乎相同。

教育重點

＊我們身邊的塑膠

以下，就讓我們稍微深入介紹一些支撐著我們生活的塑膠原料吧！有些常出現在我們的日常生活中，有些則比較少有機會親眼看到。要是把我們周圍所有塑膠製品都介紹一遍的話，會需要相當大的篇幅，所以這裡只挑幾種和我們生活比較有關的塑膠來介紹。

・聚乙烯

用於超市的塑膠袋、裝煤油的塑膠桶、冰淇淋（雪糕）的塑膠蓋、裝洗髮乳的容器等，是用途最廣的一種塑膠原料。這種塑膠是在1933年3月時，英國的ICI公司（Imperial Chemical Industries。總公司位於英國倫敦，是一個歷史悠久的綜合化學製造商。2008年時被納入荷蘭的阿克蘇諾貝爾集團之下）在研究其他產品時發現並發表的，不過那時聚乙烯只被當成一種副產品。當時人們正專注於研究可製成纖維的高分子，特別是在1935年時發明的尼龍66，更是吸引了許多人的注意。在工業高分子的領域中，聚乙烯一直要到1939年起才開始受到關注。

若要合成聚乙烯，必須將石油原料中的石腦油加熱分解，得到乙烯，再將其置於1000～4000大氣壓的高壓環境下，使其產生自由基，再一一聚合起來，這種方法實在難以在實驗室內進行。而現在人們可以在不同催化劑與合成環境下，合成出各種不同性質的聚乙烯，製造出各種工業用品與家庭用品，應用範圍相當廣泛。

$$\left(\begin{array}{ccc} H & & H \\ | & & | \\ -C & - & C- \\ | & & | \\ H & & H \end{array} \right)_n$$

· **尼龍**

尼龍是石油化學工業的超大廠商，連愛哭的小孩聽到後都會安靜下來的杜邦公司所發明的產品。公司內的研究者華萊士・卡羅瑟斯於1935年時成功合成出這種分子，由於尼龍是高分子纖維，故發明出來後便吸引了許多人的注意。不久後杜邦便開始工業化生產尼龍，並將其商品化。

尼龍這個字原本只是一個商標，但現在卻成了許多以肽鍵（醯胺鍵）鍵結的高分子——也就是聚醯胺類纖維的總稱。隨著使用材料或合成方式的不同，可以製造出各種不同彈性與韌性的纖維。這些聚醯胺類纖維中，許多高強度的高分子陸續被開發出來並投入應用，如克維拉（Kevlar）、柴隆（Zylon）等產品。這些高分子的強度都非常高，由這些高分子製成的纖維經紡織後，可以得到更高強度的線和布。這些產品的應用範圍很廣，特別是在防彈衣或登山用繩索等關係到生命安全的用途上。

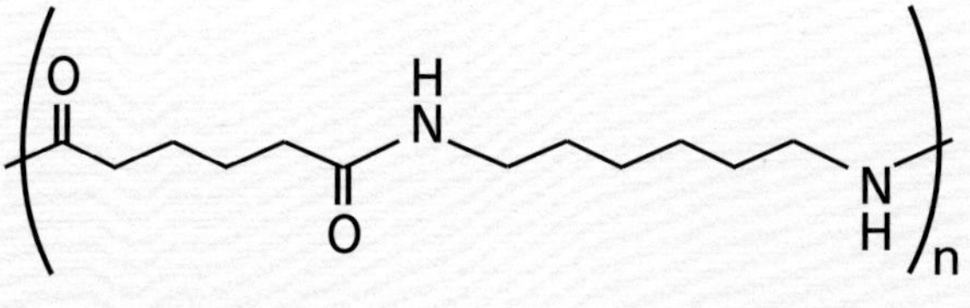

· **聚氯乙烯**

在種類繁多的塑膠產品中，聚氯乙烯可以說是極少數默默在不起眼的地方支撐著我們生活的塑膠產品。聚氯乙烯可以在長時間內保有很強的耐水性、耐酸性、耐鹼性，以及對多種溶劑的耐溶性、耐燃性，電絕緣性也非常強。預計要使用很長一段時間的電線絕緣皮和水管，大多會用聚氯乙烯製作。不過聚氯乙烯對紫外線的耐受性較低，要是一直被紫外線照射的話，分子內的氯會形成自由基，使其脆化。當然，有些產品會加入其他添加物，或者改變合成方式以防止其脆化，不過基本上，大多數聚氯乙烯產品還是會使用在陽光照不到的地方（即便如此，一般家庭用的雨水排水道或水管大多為聚氯乙烯製品，雖然上面有特殊塗料以提升其耐候性，但還是常因為強風或大雪而啪一聲壞掉。想必有不少人有這樣的經驗）。

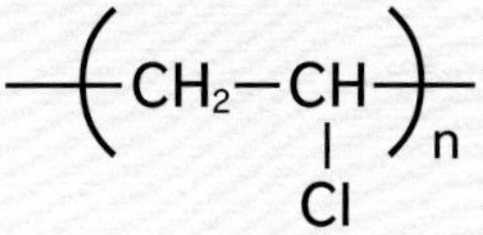

$$-\left(CH_2-\underset{\displaystyle Cl}{\underset{|}{CH}}\right)_n-$$

· **PET樹脂**

現在應該沒有人從來沒用過寶特瓶吧。寶特瓶上常標有PET的標示，指的就是PET樹脂。PET就是polyethylene terephthalate的首字母縮寫……這種塑膠應該已經有名到不需要再為讀者特別做介紹了才對。除了寶特瓶外，還可以做成底片、磁帶，也會用在毛毯、刷毛布等紡織品上。

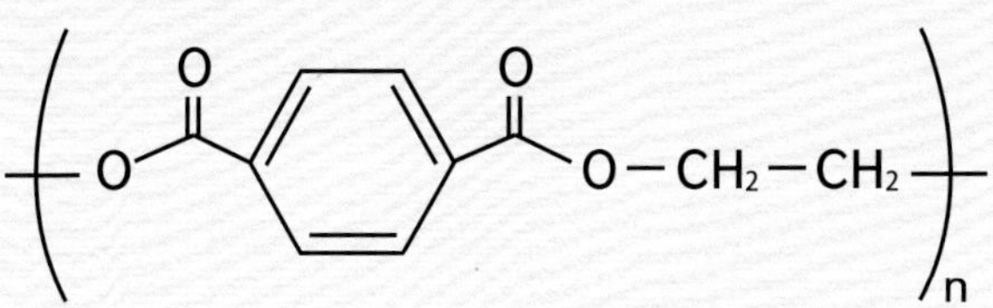

$$-\left(O-\overset{\displaystyle O}{\overset{\|}{C}}-C_6H_4-\overset{\displaystyle O}{\overset{\|}{C}}-O-CH_2-CH_2\right)_n-$$

· ABS樹脂

由丙烯腈（Acrylonitrile）、丁二烯（Butadiene）、苯乙烯（Styrene）這三種分子鍵結在一起後所形成的塑膠，故以它們的首字母命名為ABS樹脂。耐熱性有一定的水準，且摸起來的質感很滑順，也容易讓墨水附著，故常用來製作電視、遊戲機、電腦的外殼，或者是樂高之類的塊狀玩具。

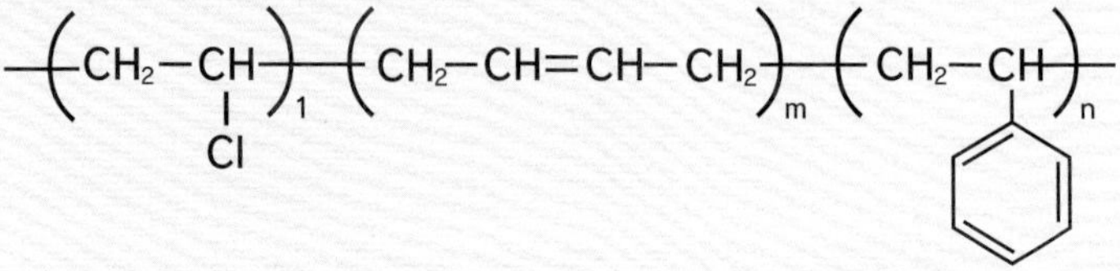

$$-\!\left(CH_2-\underset{\displaystyle Cl}{\underset{|}{CH}}\right)_1\!-\!\left(CH_2-CH=CH-CH_2\right)_m\!-\!\left(CH_2-\underset{\displaystyle C_6H_5}{\underset{|}{CH}}\right)_n\!-$$

· 酚醛樹脂（貝克萊特）

這種塑膠在電子機械、耐化學藥品產品等高科技領域中很常使用。酚醛樹脂的使用有很長一段歷史。大約在距今一個世紀以前，美國化學家利奧．H．貝克蘭首次將苯酚與福馬林（甲醛）進行縮合反應，將這種塑膠用在工業上並大量生產（酚醛樹脂本身的發明則是在這之前的三十年前）。

在加熱後會硬化的熱硬化性樹脂中，酚醛樹脂是最著名的一種。另外，由於酚醛樹脂的單元是由三個小分子組成，鄰近的單元可在三維空間中形成立體的網狀結構，故酚醛樹脂堅固不易變形，相當適合加工。而且酚醛樹脂有一定的耐熱性、耐燃性，以及耐化學藥品性，所以如同前面所提到的，它相當適合用在電子機械的基板與試藥瓶的蓋子等地方，用途相當廣泛。

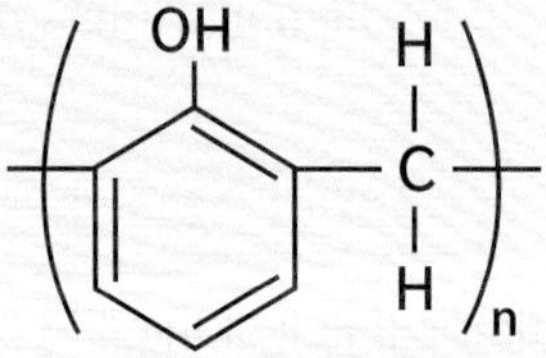

· 矽氧樹脂

由含有有機矽的化合物聚合而成的塑膠，是以矽氧鍵（Si-O-

Si）為主要骨架的塑膠。不同分子量的矽氧樹脂可以形成液態的矽油（silicone oil）、矽膠（silicone rubber），以及堅硬的矽氧樹脂。其可以是液體也可以是固體的特性，在高分子聚合物中是很特殊的例子。大部分的矽氧樹脂或矽油等物質都對人體無害，醫療用品或美容整形時，塞入鼻子或下顎內的義體，就是用矽氧樹脂製作而成的。

矽油除了可以製成我們身邊常見的洗髮乳、潤髮乳之外，由於矽油吃下肚後不會被消化，而是直接排出體外，且矽油在腸內有界面活性作用，可以抑制腸道在消化食物時產生氣泡，故矽油可製成「消泡劑」藥物販賣，服用後可防止身體出現脹氣的情況。另外，超市內賣的盒裝豆腐內，也有添加極少量的矽油，在矽油的界面活性作用下，打開豆腐包裝後，便可滑順地取出豆腐。

$$\left(- \underset{\displaystyle C_6H_5}{\overset{\displaystyle CH_3}{\underset{|}{\overset{|}{Si}}}} - O - \right)_n$$

＊該如何活用塑膠的特性

從文具到食品容器，我們的周圍有許多產品都會用到塑膠。這些商品在設計、製造時，大多會善加利用各種塑膠的特性，並經過非常縝密的研究才得以完成。

譬如說，洋芋片（薯片）和柿種等零食的包裝袋就是個很好的例子。這些包裝袋大多是由聚丙烯或聚乙烯製成，不過你知道嗎？和外國進口的零食相比，日本的零食商為了讓消費者更容易打開包裝袋而下了不少工夫。日本的零食包裝袋大多會預先剪出一個開封用缺口，讓消費者沿著這個缺口一拉，就可以輕鬆把包裝撕開。相比之下，如果是進口的零食，即使沿著包裝袋上的缺口撕開，有時候也很難撕得動，甚至有可能會朝著奇怪的方向撕開，一不小心裡面的零食就會四處飛散⋯⋯想必應該不少人有這樣的經驗。

這是因為高分子有所謂的各向異性。由高分子組合而成的產物，在某些方向能承受較強的應力，某些方向則承受不了那麼強的應力，這就是各向異性。舉例來說，用塑膠袋裝著很重的西瓜走在路上，塑膠袋並不會被西瓜的重量扯開，不過如果把四角尖銳、裝著零食的包裝袋放入塑膠袋內的話，塑膠袋就會輕易地縱向裂開，使袋內的東西掉出來。想必應該有不少人有這種經驗吧？這是因為塑膠袋的橫向彈性與縱向彈性差了數十倍的關係。

日本在製作零食的包裝袋時，大多會讓包裝袋的塑膠膜沿著特定方向伸展成形，使其擁有特定的各向異性。故零食廠商可以在應力較弱的方向上裁出缺口，使消費者能夠輕鬆打開零食包裝。

另外，未上色的塑膠大多會呈現出透明或半透明的顏色，不同塑膠的折射率，也就是光的穿透度也各有不同。其中，PET的折射率在1.5以上，若將PET做成細絲狀的話，看起來就像是艷麗的頭髮，因此PET也常被製成人工毛髮，再加工成假髮。由於PET假髮有過於光滑的問題，故有些廠商會用特殊藥品將其表面弄得粗糙一些，製造出微小的起伏，使假髮的觸感與外觀看起來更接近真髮。

（人工的頭髮）

（人的真髮）

上圖為人的真髮與假髮的放大照片比較圖。即使放大到100倍，也幾乎感覺不出兩者的差異，可見這種材質很適合做成假髮。

研究人員就是像這樣，持續花費許多心思在改進我們周遭的塑膠製品上，使各種塑膠材料更能發揮出它們特有的性質（若各位有興趣的話，可以參考Sanplatec公司的網站https://www.sanplatec.co.jp/chemical.asp。網站內有提供各種塑膠對藥品的耐受性）。

＊停滯不前的回收技術

雖然塑膠在自然界的分解速度非常慢，但一部分的塑膠確實有被回收再利用。如各位所知，目前資源回收工作確實有在收寶特瓶。然而，要真正把寶特瓶回收再利用，卻不是那麼簡單的事。

過去歐洲各國曾推出過大量的厚壁寶特瓶，號稱可以多次重複使用。但由於清洗效率太差，又容易劣化，故用在一般商品上的話大概只能用1～2次，與可以使用10～20次的一般瓶子相比，回收再利用的效率非常差。原因在於，PET是由乙二醇與對苯二甲酸經縮合反應後製成的，也就是所謂的酯鍵。PET有一定的強度，在一般用途上通常不會有任何問題，但因為PET是由酯鍵結合而成，與其他塑膠比起來較容易水解，大約在150℃左右就會開始出現水解反應，這就是PET不適合多次使用的主要原因。另外，即使在100℃以下，PET仍有可能在溫熱的環境下，因其可塑性而產生變形情況。故很難在低成本的情況下將其洗淨、乾燥，再當成容器使用（如果在高溫下清洗的話，表面會變粗糙，讓質感變得很差）。

所以說，先進國家大多很難將回收後的寶特瓶再當成寶特瓶使用，僅有一小部分可以再製成纖維產品，大部分則是以資源輸出的形式運送到中國等國家處理。

不過，畢竟PET還有人在收購，廢棄PET可被當成商品販賣，屬於可回收再利用的塑膠類。然而其他塑膠廢棄物大多沒有適當的回收處理方法，而且日本各地方政府所公告的垃圾分類指南中，並沒有一致的標準規定要將塑膠分在可燃垃圾還是不可燃垃圾。多數地方政府的報告顯示，目前不可燃垃圾中有三、四成以上是塑膠，毫無疑問的，這些廢棄物會對環境造成很大的負擔。

作為一種材料，塑膠在產品開發上已經進入了成熟期，然而若要將其回收再利用，則還有很大的研究空間，可以說留給未來化學家的重要課題還有很多。

在廚房內就可以製作！植物科技入門

難易度 ★★★☆☆

對應的教學大綱 中學理科／細胞分裂與生物的成長

生物／代謝

實驗主題

植物的生物科技總給人門檻很高的印象，本節將試著用廚房就找得到的工具來進行實驗，讓學生覺得「沒想到這麼簡單就能辦到！」進而產生親切感。

不需要任何特殊的實驗器材
用廚房內的工具就可以進入植物生物科技的世界

提到「植物生物科技」、「植物組織培養」等話題，可能會讓各位想到無菌室、滅菌釜、無菌操作台、培養箱等特殊實驗器材，給人一種要是沒有這些工具就做不了實驗的印象。

所謂的植物組織培養，是利用植物細胞所擁有的分化全能性（任何一個細胞皆可分化成該個體的任何一種細胞的性質），以無菌培養技術培養一部分植物體的方法。光聽這些，可能會讓各位覺得這種技術和日常生活沒什麼關係，不過事實上，像是白菜、高麗菜、稻米等蔬菜或穀物的育種；草莓、康乃馨等無病毒種苗的培養；蘭花與觀葉植物的大量繁殖等等，這些與我們生活息息相關的情況，都會用到這種技術。

無菌操作與無菌種苗的培養可以說是這個技術的核心。確實，若使用實驗室的特殊器具與設備來操作的話，成功機率會比較高，但事實上，即使用的是一般家庭廚房內的調理器具，也可以有一定的成功率。這次的實驗中，我們將使用這些容易取得的調理器具進行植物組織培養，並挑戰無菌播種，目標是培養出仙人掌的無菌種苗。

基本實驗

01 用壓力鍋製作無菌種苗

☑ 準備材料

耐熱容器：500～1000ml的玻璃容器，用來隔水加熱。可以的話請選用有容量標示的容器，如果是燒杯的話就更好了。

滴管：生活百貨的商品即可。

果醬瓶 2個：分為培養瓶用與殺菌液用。請準備瓶口邊緣凸起，或者是有螺紋的瓶子。200ml左右即可。

壓力鍋：因為還會放入食品以外的東西，故須準備專用的壓力鍋。

水：盡可能使用淨水器過濾過的水，不過自來水也沒關係。

PURELOX®（消毒液商品）：藥局就有賣的6%次氯酸鈉消毒液。

仙人掌的種子：可以在園藝店購得，種子的大小要能用滴管吸取。

粉末狀花寶肥料（HYPONeX）1.5g：植物用的粉末狀肥料。可在大型居家用品店購得。

鋁箔：請準備兩張在對折後尺寸比瓶子口徑還要大4cm的正方形鋁箔。

細砂糖 20g

洋菜粉 8g

電子秤、瓦斯爐、攪拌棒、橡皮筋、棉手套

PURELOX®消毒液。

要是長出黴菌的話，一定要先用壓力鍋連同整個瓶子滅菌，再將培養基丟進廚餘桶內。

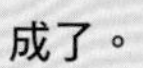

1 製作培養基。在耐熱容器內加入1L的自來水、1.5g的粉末狀花寶肥料、20g細砂糖，充分攪拌（肥料不會完全溶解）。細砂糖溶解後，加入8g的洋菜粉，隔水加熱10～15分鐘，其間偶爾攪拌一下。待溶液轉為一定程度的透明時，培養基便完成了。

實驗步驟

2 進行滅菌的準備。將培養基倒入果醬瓶內至約兩成滿，再用準備好的鋁箔罩住。戴上棉手套使鋁箔緊緊貼住瓶子，鋁箔須無法任意轉動才達到標準。

另一個瓶子則倒入秤好重量的水，以鋁箔罩緊，並先以橡皮筋套住（之後要製作0.1%的殺菌液。如果要製作200ml的殺菌液，需要196.7ml的水，不過這個部分只要大概就好）。

3 進行滅菌。於壓力鍋內加入壓力鍋指定的水量，將裝有培養基、殺菌液用水的瓶子放入鍋內，蓋上蓋子後加熱。開始冒出蒸氣後，保持蒸氣會持續冒出的狀態，降低火力，20分鐘後關火。待充分冷卻後打開壓力鍋，使培養基與水冷卻至常溫。待培養基凝固後便可進行下一個步驟。

實驗步驟

4 幫種子殺菌。於滅菌後的水內加入殺菌液，製成0.1%的次氯酸鈉液（在196.7ml的水內加入3.3ml的滅菌液。分量大概就好）。接著加入仙人掌的種子，攪拌10分鐘以進行殺菌。

5 播種。將培養基的鋁箔蓋在不弄破的情況下打開一些些，用滴管將沉在殺菌液底部的種子吸起，滴在培養基上。這時要注意的是，滴在培養基上的殺菌液愈少愈好。滴下5～6滴之後，將鋁箔蓋蓋回。

6 將培養基放在明亮卻不會直射到陽光，溫度變化較小的地方。如果經過一週後仍沒有長出黴菌的話，就代表無菌操作成功了。
經過一個月後種子便會發芽，成長至一定的大小。

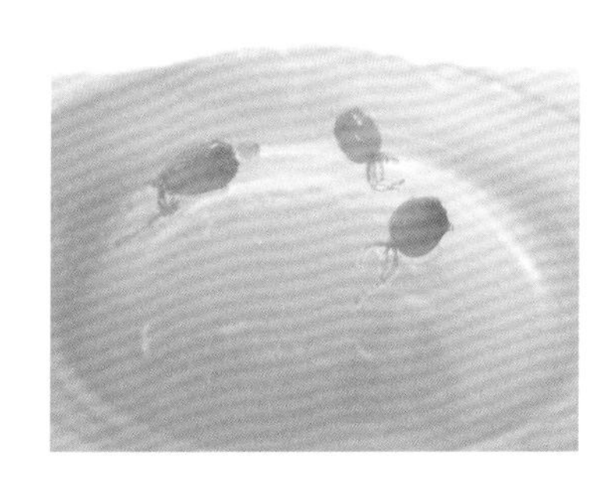

解說

＊什麼是培養基

培養基由水、無機營養素、有機營養素、植物荷爾蒙、天然物質、支撐材料、適當的pH、滲透壓等各種要素組成。培養不同的植物或不同的部位時，會有不同的最佳配方。這次使用的培養基是以H培養基（HYPONeX培養基、京都處方、Kano培養基）為基礎，修改而成的1/2H培養基（1/2H＋20g/l suc.＋8g/l agar pH未調整）。

H培養基是為了無菌播種蘭科植物而研發出來的培養基，若依需求追加植物荷爾蒙，或修正培養基內各成分的濃度、組成的話，便可適用於多種植物。這些材料相當便宜、容易取得，做起來也很簡單，故在日本國內廣為使用。在這次的實驗中，我們用食品等級的材料代替也可以得到很好的成果，這就是它的魅力所在。

除了H培養基之外，MS培養基、Gamborg's B5培養基、N6培養基等皆為代表性的培養基，許多研究者會以這些培養基為基礎，將其調整成適合他們實驗材料的配方。這次實驗所用的培養基配方也不一定就是最佳配方，只是方便我們確認種子發芽與成長狀況的配方而已。請各位一定要親自試著找找看適合這些植物的最佳培養基配方。

＊殺菌、消毒、滅菌的差別

植物組織培養可說是一場與黴菌的戰鬥。含有豐富營養與適當濕度的培養容器對黴菌來說是相當適合繁衍的環境，要是有一點點黴菌不小心跑進去的話，黴菌就會開始繁殖並侵蝕植物。這種狀況又稱為「雜菌污染（Contamination）」。為了防止植物被污染，培養基與相關器具必須在事前進行滅菌處理。

以下將說明「殺菌」、「消毒」、「滅菌」這幾個看起來很像的字有什麼不同。

要是有黴菌混入瓶內的話，就會被污染。若培養基不慎被污染，請把整個瓶子拿去滅菌，再將培養基當作廚餘丟棄。

殺菌：殺死目標微生物。

消毒：殺死病原性微生物，或者將微生物的病原性消除。

滅菌：不管有沒有病原性，將所有微生物殺死、去除。

與「殺菌」或「消毒」不同，「滅菌」這個字的定義是將「所有」的微生物殺死。因此，「滅菌」這個動作只能用在培養基或器具等對象上。至於人體或植物體雖然可以殺菌或消毒，卻沒辦法進行「滅菌」。

為培養基或器具滅菌時，一般會使用滅菌釜進行高壓蒸氣滅菌。這個方法是在密閉容器內，加熱至121℃，並提高壓力至1.0kg/cm^3，維持這樣的環境20分鐘，藉以消滅所有微生物。

為什麼滅個菌要那麼麻煩呢？因為有些細菌會形成所謂的「芽孢」結構，這種狀態下的細菌有很強的耐受力。即使在一般狀態下將芽孢煮沸30分鐘，也很難消滅這些芽孢。不過，如果在前述條件下，以滅菌釜加熱的話，就可以將包括細菌芽孢在內的幾乎所有生物都消滅殆盡。

這次的實驗是使用壓力鍋進行滅菌處理。雖然這是調理器具，但它的工作原理和滅菌釜差異不大，若只是要在家庭內進行植物培養的話，一般壓力鍋便足以應付了。不過，操作時會加入食品以外的東西，故請準備專用的壓力鍋來做實驗。

*種子殺菌是最重要的步驟

這次實驗中最需注意的地方，就是為種子殺菌的部分。培養容器經過滅菌處理後處於無菌狀態，而我們必須保持其無菌狀態，將無法滅菌的植物種子放進容器內。種子殺菌的重點在於「在保留種子發芽能力的情況下，殺死附著在其表面的菌」。為了實現這種聽起來有些矛盾的狀況，需要依照不同植物的種類進行不同處理，可以說是相當專業的技術。

種子殺菌步驟由多種要素構成，包括前處理、殺菌液的種類、殺菌液的濃度、殺菌時間、是否再以水清洗等，不同植物的殺菌方法也不一樣。次氯酸鈉溶液（Antiformin）常當作殺菌液使用。藥局內便可買到6%次氯酸鈉溶液的PURELOX®，故相當適合用在家庭內的組織培養實驗上。

由於這次實驗沒有用到無菌操作台，為避免殺菌後的種子接觸到飄盪在空氣中的菌，故我們採用將種子與少量殺菌液一起吸起來，再滴在培養基上的方法。在掀開鋁箔蓋時，請極力避免菌跑進培養容器內。

＊應該放在哪裡呢？

為了讓培養的種苗順利成長，本來應該要將它放在溫度、濕度、光、空氣皆經過適當調整的培養室內才對。不過，如果將它放在不會被陽光直射、溫度變化較小的明亮場所的話，雖然不會長那麼快，但也可以使其發育過程較順利。

如果溫度變化大的話，就表示會有空氣進出培養容器，提高菌混入容器內的機率，因此培養時請盡可能保持在穩定的溫度環境下。在有照明的情況下，有時可以提升種苗的發育速度，若種子順利發芽的話可以試著挑戰看看。

＊繼代，以及之後的培養

這次的實驗成功的話，可以得到仙人掌的無菌種苗。而種皮結構與仙人掌類似的多肉植物也可以用同樣的方法進行無菌播種。對於難以發芽的植物來說，無菌播種可以營造出適當的無菌環境，確保其發芽，並讓植物在免於病蟲害的環境下生長，是一種可以確實繁殖植物的生物科技基本技術。進階的應用技術當中，我們還可以讓細胞自體增殖，製作出複製個體，或者改變它的基因……有多種發展的可能。

另外，這次是用較小的瓶子來做實驗，如果將衣櫃之類的東西改造成無菌箱或無菌操作台的話，便可將其移植到新的培養基（又稱為「繼代」），使其長得更大，或者提升培養的規模。

繼代後，數量增加的仙人掌。

這個世界上有許多不同種類的植物，而成功無菌化的植物種類只佔了其中的一小部分。各位可以用家中就能找到的工具，試著挑戰看看在這個領域中還沒有人成功的種類，這個過程一定會讓你興奮不已。此外，殺菌方法與培養基的組合方式可以說有無限多種。請各位一定要挑戰看看，別害怕失敗。

＊推薦各位使用速成培養基

隨著現在技術的進步，甚至有人開發出了名為速成培養基的產品。日本Vitroplants販賣的「eViP培養基」是一種粉末狀的培養基原料，只要加入熱水，便可以形成各種配方的培養基，再將其倒入容器內蓋上蓋子，便能使容器內形成無菌環境。這種產品可以馬上製作出培養基，此外只要容器可以耐熱，即使是布丁杯之類的塑膠容器也可以營造出無菌環境，故就算沒有專用設備也能夠進行很多種實驗。如果各位手上有無菌種苗的話，請一定要試試看這種培養基。

如照片所示，使用eViP培養基的話，即使是布丁杯也可以實現無菌培養。

教育重點

＊植物生物科技的可能性

要是沒有親自做過這個實驗的話，想必幾乎不會有學生認為生物科技和自己有關係吧。但事實上，應該每個人都享受過生物科技所帶來的好處。透過這次的實驗，我們成功由仙人掌的種苗製作出無病菌的種苗，這有助於提升植物的育種、生產效率。這樣的技術還可以應用在瀕臨絕種之物種的保護，並解決糧食問題。可以想像這種技術在未來的發展可說是一片光明。

授課時，除了介紹這些技術的機制、待解決的問題之外，還可以提到尚未普及的人工種子技術、各種植物的性質等。想必這些話題應該能讓學生們對植物生物科技產生興趣，更有親切感。

沒有馬達也能自己跑起來！神奇的線圈列車

難易度 ★☆☆☆☆

對應的教學大綱

中學理科／各式各樣的能量與能量間的轉換

中學理科／電磁感應

物理基礎／運動定律、物體的自由落體運動

我們能不能製作出一個沒有馬達也沒有引擎，卻能動起來的交通工具呢？讓我們試著用金屬線、電池與磁鐵，做一個新型交通工具來回答這個問題吧！

只要電池、磁鐵、線圈就行了
不用其他動力！

要讓電車或電動汽車動起來需要馬達，而多數車輛則需要引擎才能動起來。即使是名為線性馬達車的交通工具，也需要線性馬達這種馬達才行。那麼，有沒有其他方法可以讓汽車或電車動起來呢？

2014年時，有人在網路上公開了一種名為線圈列車的有趣玩具（一般認為上傳相關影片的AmazingScience君並不是第一個發明這種玩具的人）。這種線圈列車毫無疑問的，是由至今未曾出現過的想法製作出來的玩具。如左下照片所示，這個玩具列車是由電池與磁鐵組成的。只要將這個列車放進由裸金屬線捲成的線圈中，或者放在線圈之上，列車就會自己動起來。而且所有材料都可以在生活百貨和大型居家用品店找到，可說是一個相當簡單的實驗。

基本實驗

01 推一下就會自己跑起來的線圈列車

☑ 準備材料

釹磁鐵 4個：直徑12mm、厚2mm的釹磁鐵。可在生活百貨購得。

銅線 10m左右：直徑0.8mm的銅線。可在生活百貨或大型居家用品店購得。

墊片：厚約1mm，中間開一個與電池正極之凸起同樣大小的洞，呈甜甜圈狀。可以用厚紙板或塑膠片自行製作。

圓柱狀的棒子：直徑9mm左右的木棒。可在生活百貨購得。

配線槽：溝槽寬度約10mm左右的配線槽。可在大型居家用品店購得。

指南針：可以用一般磁鐵代替，只要知道哪邊是N極哪邊是S極就行了。

三號電池 1個、錐子

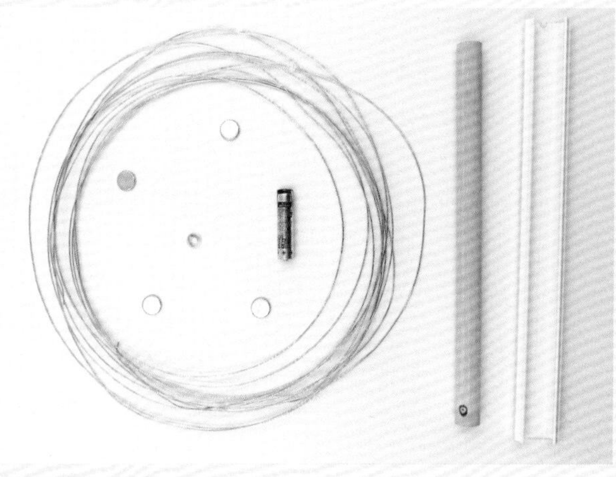

由左開始分別是銅線、磁鐵、墊片、電池、棒子、配線槽。

線圈的電阻很低，要是有大量電流通過的話，線圈和電池會馬上變得很熱。為了防止被燙傷，線圈內的列車停下來時請立刻取出。

實驗步驟

1 將銅線緊密纏繞在木棒上，製作線圈。剛開始纏繞時若覺得銅線很滑，可用錐子在棒上開一個1mm左右的洞，將銅線穿過洞之後再開始纏繞，便能順利纏繞下去。纏繞時手指可能會因為銅線的摩擦而變得紅紅的，可以休息一陣子之後再慢慢繞完。

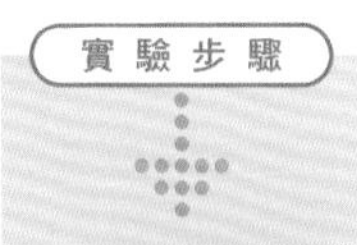

2 纏繞完線圈後將其從木棒上取下。可以沿著纏繞方向的反方向旋轉取下線圈，會比較好拿下來。

3 將兩個釹磁鐵吸附在電池的負極上，並使其N極朝外。將磁鐵靠近指南針時，磁鐵的N極會吸引指南針的S極，請用指南針測試看看哪邊是N極。

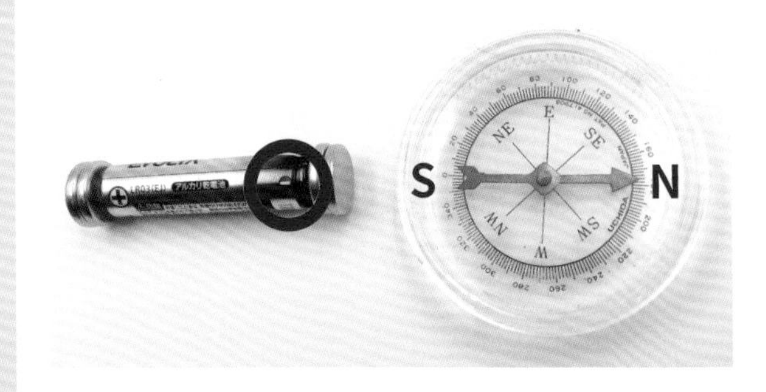

4 如下圖，請將自製的墊片套在電池正極的凸起上，使電池正極末端變平。再將兩個磁鐵N極朝外吸附在電池正極上。

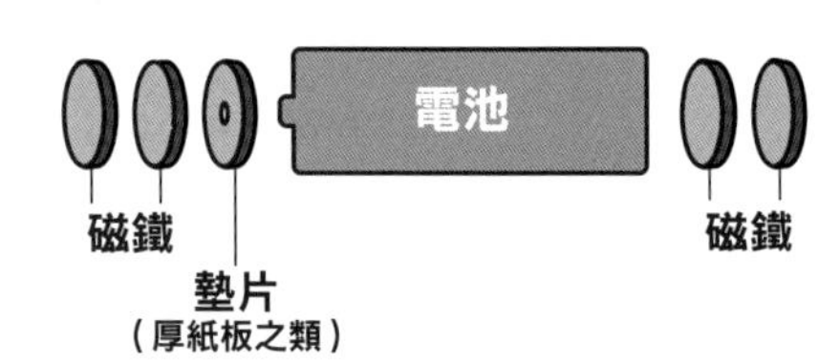

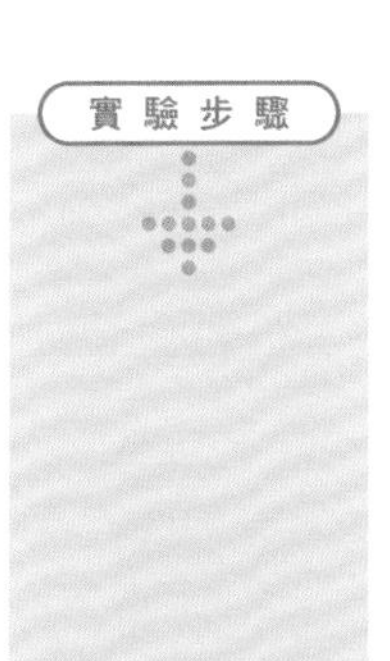

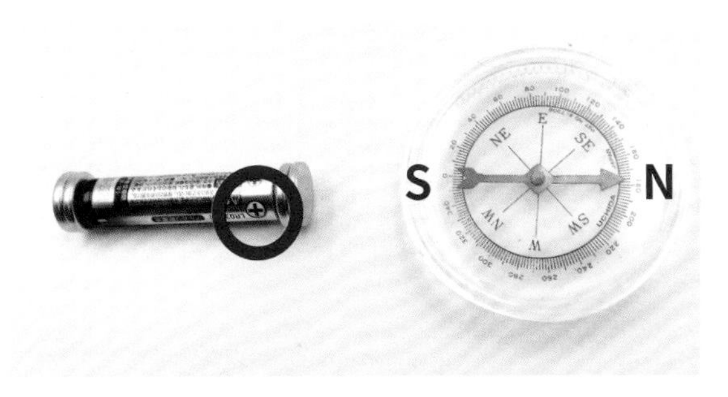

5 將線圈收納在配線槽內。請將線圈收納整齊，不要讓線圈歪七扭八，才能讓列車跑得順暢。

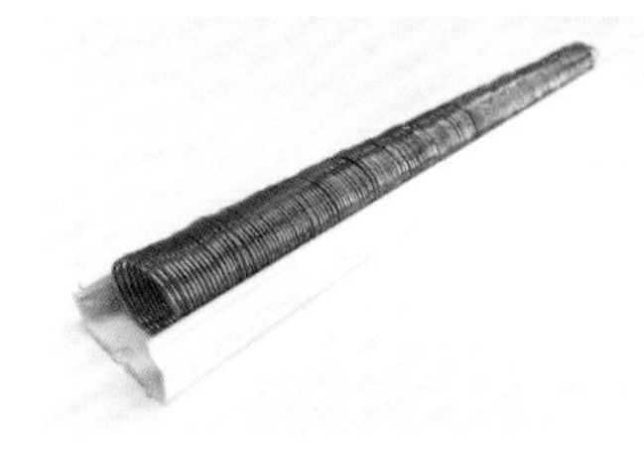

6 將電池做成的列車放入線圈內，使之動起來。要是不會動的話，可參考第54頁列出的原因一一確認。

＊為什麼列車會自己動起來呢？

這次實驗中的列車如右圖所示，會在電池的兩側貼上釹磁鐵。此時，列車的車頭和車尾都會變成N極。當我們將列車放入線圈內時，如下圖所示，電流會透過磁鐵流入線圈。電流從電池的正極流向負極，使線圈的左側成為N極，右側成為S極。這麼一來N極與N極相斥、N極與S極相吸，故列車會往右移動。

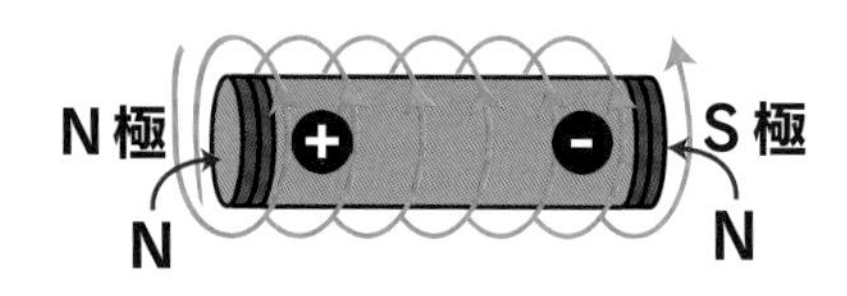

＊動不了的話請確認一下這些事項！

線圈列車無法前進的可能原因如下，請一一確認。

□磁鐵的方向正確嗎？

□磁鐵與電池的金屬部分是否有接觸呢？

□磁鐵與線圈是否有接觸呢？

□線圈是否有生鏽呢？

□線圈內側是否凹凸不平，使列車前進時被卡住呢？

□線圈相鄰的金屬線是否有接觸呢？

□電池是否太過老舊呢？

線圈會形成磁場（磁力線所及範圍），其強度（線圈就是電磁鐵，故也可以想成是電磁鐵的強度）由纏繞圈數與電流大小決定。要是線圈的相鄰金屬線彼此接觸的話，會使纏繞圈數變少。

另外，由於線圈列車會產生很大的電流，故乾電池的電力會消耗得很快。要是電池太舊的話可能會跑不動。即使是新電池，要是跑太久的話也會漸漸跑不動。

＊實驗時的注意事項

線圈的電阻非常小。舉例來說，直徑0.8mm、長度10m的銅線，電阻大約只有0.3Ω左右。而有電流流過的部分只有圈住電池的線圈而已，故電阻大概只有這個數字的十分之一左右。電阻小，流過的電流就會變大，使線圈的溫度升高，線圈內的電池也會愈來愈熱。要是電池放太久的話會有燙傷的危險，因此如果列車在線圈內停下來的話，請立刻取出。

教育重點

＊讓學生們思考如何改良，加深他們對磁鐵與電力的理解

授課時，可以給學生們一些挑戰，如「可以讓列車爬上多陡的坡道？」、「可以讓列車跑得多快？」等，讓學生們嘗試逐步改良列車，學生們便會基於線圈列車前進的原理，思考各種改進的方法。一開始他們可能會想到「要是增加磁鐵的數量，就可以增強前進的力道，使列車可以爬上更陡的坡道，或者跑得更快」之類的單純想法。不過他們馬上就會發現，如果將磁鐵直線排列的話，磁鐵的重量會與磁鐵的數量呈正比，但推進力卻不會與磁鐵的數量成正比。另外，到底是前面比較輕時會跑比較快，還是後面比較輕時會跑比較快呢？沒有實際試試看的話，想破頭也不會知道正確答案。然而在結果出來後，又會出現新的討論，譬如說前進途中產生的摩擦力或電阻的影響有多大之類的，學生們會交換各種意見。事實上，雖然我們很難判斷誰的意見正確，但這些討論可以成為學生們開始深入思考磁鐵和電力原理的契機，讓課程變得有趣起來。

順帶一提，目前線圈列車可以爬上的最大角度大約為80度。另外，AmazingScience君還做出了跑得比紹羅Q（注：一種日本的玩具小汽車）還要快的線圈列車。要讓線圈列車跑得快的祕訣包括：不要急，謹慎地將金屬線仔細纏繞成線圈，使用全新的電池，還有就是盡量讓線圈不會亂動，可以用配線槽或膠帶等固定住線圈。

小小鑑識官！
用瞬間膠採取指紋

難易度 ★★★★☆

對應的教學大綱 化學／有機化合物與人類生活

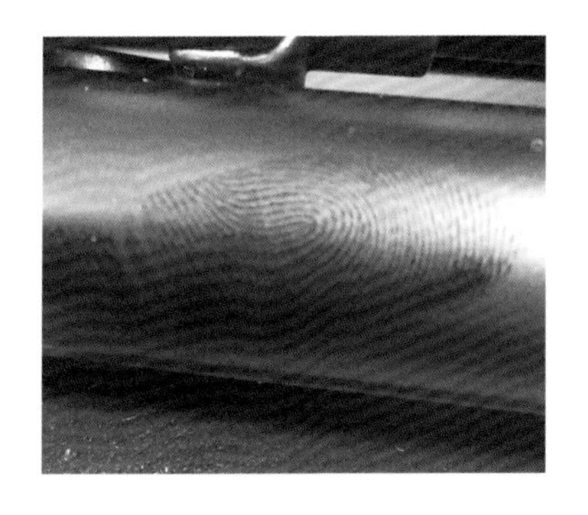

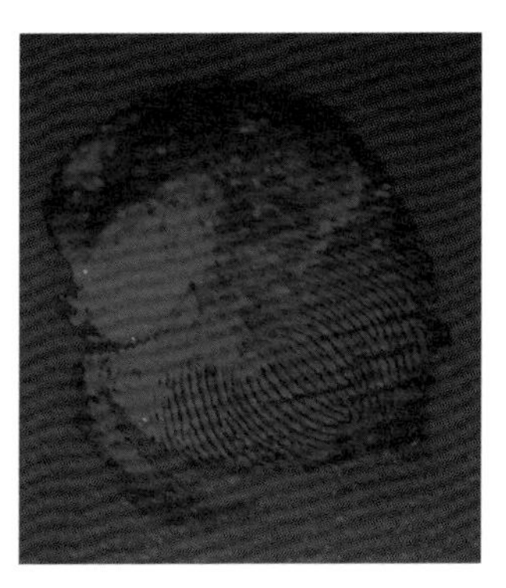

實驗主題

讓我們試著從分子、科學的角度，說明平常不會特別注意的接著劑的黏著原理，讓學生確實理解物體與物體是如何黏起來的。

為什麼接著劑一定要依照用途分開使用呢？

接著劑就是可以將兩個東西「黏在一起（接著在一起）」的物品。大型居家用品店或超市內就有販賣各式各樣的接著劑，包括陶器、木工，甚至連金屬用的接著劑都有在賣。那麼，為什麼沒有任何一種接著劑可以適用於所有的材料呢？這就是我們這次想討論的重點。接著劑的黏合方式與黏合原理，與接著劑分子的性質密切相關。本次課程結束之後，學生們就能夠明白為什麼世界上不存在萬能的接著劑，也能在不同的情況下，譬如說修理家具或修補刮傷時，分別選擇適當的接著劑來使用。

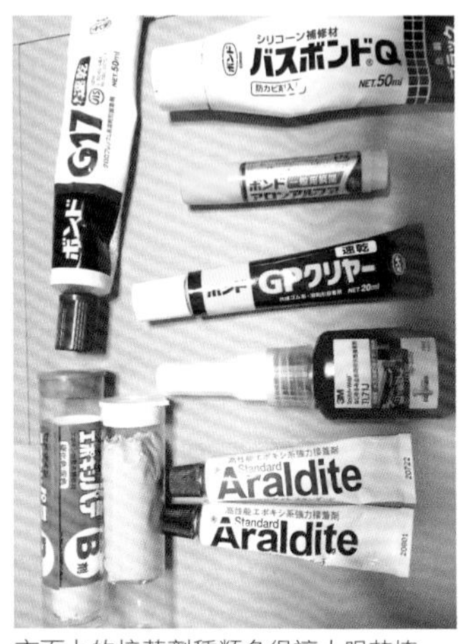

市面上的接著劑種類多得讓人眼花撩亂，讓人不曉得該買哪種。

作為前導實驗，我們將嘗試重現刑事劇中常看到的一幕，那就是用隨手可得的接著劑來採集指紋。就算不使用複雜精密的裝置，也能採集到完整的指紋。這個實驗一定能引起學生的興趣，進而讓他們沉迷其中。若想要吸引學生們的注意，這會是一個很適合的實驗。

基本實驗

01 有注射器就辦得到！簡單的指紋採樣

☑ 準備材料

瞬間膠：含有氰基丙烯酸酯（Cyanoacrylate）成分的接著劑。

注射器：聚乙烯製的注射器。

噴槍：打火機也可以。

鋁箔膠帶

剪刀或斜口鉗

為了避免吸入氣化後的氰基丙烯酸酯，請在通風良好的地方做實驗。
另外，鋁箔膠帶在加熱後會變得很燙，請小心不要觸摸到。

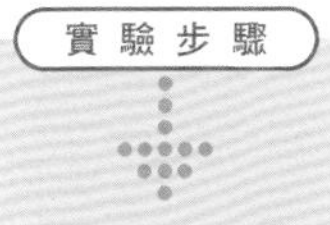

1 用剪刀或斜口鉗將注射器的一部分剪下。

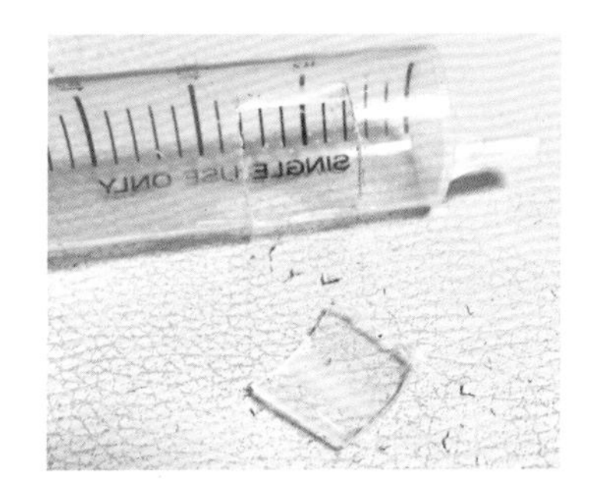

2 用鋁箔膠帶貼住剪出的洞，並在注射器內加入瞬間膠，以噴槍加熱。

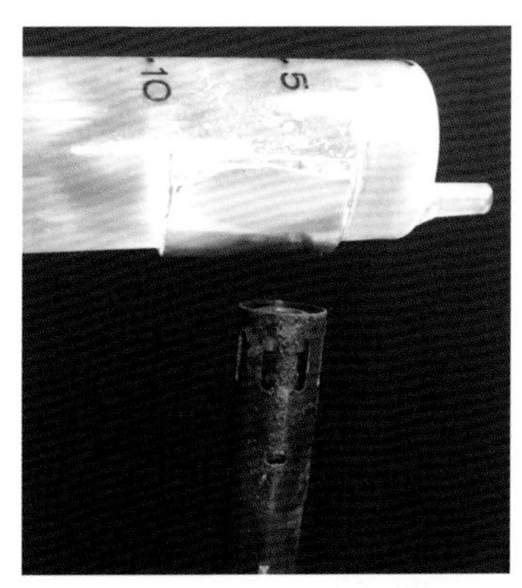

3 只要在有指紋的地方用注射器輕輕吹出氣體，瞬間就會浮現出白色的指紋。

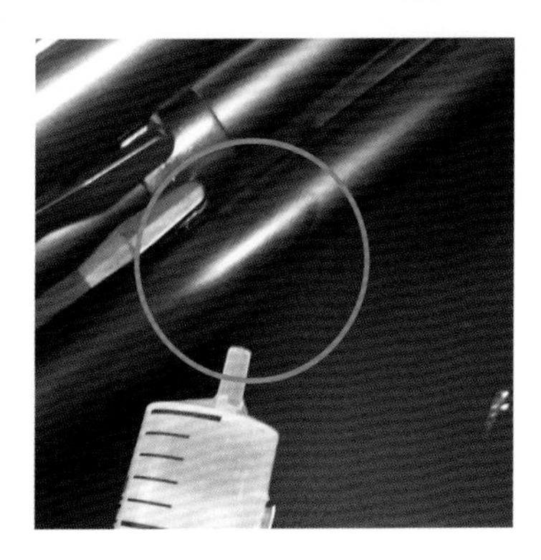

＊在實驗室內操作警察也會使用的技術

警察的科學搜查中，常會用到瞬間膠內的成分「氰基丙烯酸酯」進行指紋採樣。話雖如此，這也不是什麼困難的方法，只要用電熱之類的方式加熱瞬間膠的液體，再將其蒸氣吹向有指紋的地方，就會浮現出明顯的指紋。氣化後的氰基丙烯酸酯會與指紋所含有的微量水分反應，浮現出全白的紋路……這就是其中的機制。

但是有一點要特別注意，氣化後的氰基丙烯酸酯對身體不怎麼好，請盡量不要吸入。由於氰基丙烯酸酯氣體碰到空氣中的水分時會馬上產生反應，故最好能製作一種裝置，讓我們在實驗時可以針對想採樣的位置噴出這種氣體，而不會波及到旁邊的人。

說是裝置，其實也不是什麼大不了的東西，只是在注射器上開一個洞，然後用鋁板之類的東西封起來而已。如果有鋁箔膠帶的話就可以完美地密封起來。

在注射器內加入接著劑的液體，接著將注射器往後拉到底，然後用打火機之類的工具加熱滴在鋁板或鋁箔膠帶上的氰基丙烯酸酯。如此一來，注射器內就會充滿白色氣體，再來只要慢慢將這些氣體噴向想要採集指紋的地方就可以了。噴出氣體後，馬上就會浮現出全白的指紋。

實驗結束之後，只要拔掉活塞，在通風良好的地方放掉剩餘的氣體，就可以用同一個裝置重複好幾次實驗，因此也能省下實驗花費。

延伸實驗

02 試試有些浮誇的方法。螢光指紋採樣

準備材料

含有紫外線硬化樹脂成分的瞬間膠：修補車的刮痕時會用到的產品。

紫外線燈：可產生波長在375nm以下之紫外線的燈。

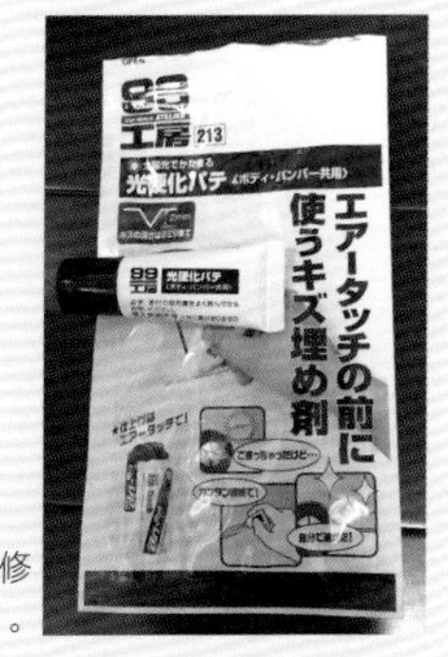

可以在車用刮痕修補劑的專區找到。

要是在手指沾有這種瞬間膠的狀態下照到紫外線，或者走到陽光下的話便會硬化而難以剝除，請小心使用。在採樣完指紋之後，請用廚房紙巾擦掉，再用肥皂仔細清洗。

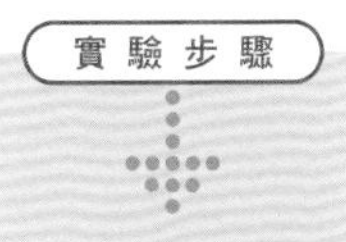

實驗步驟

1. 取少許瞬間膠放在手指上，然後壓在黑紙上。

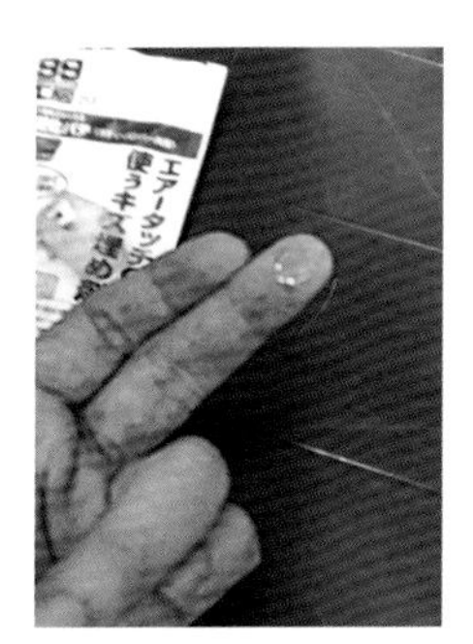

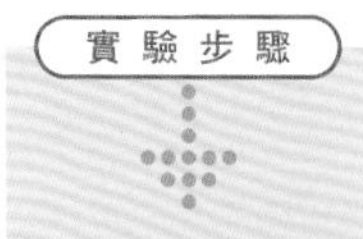

2 以紫外線燈照射黑紙後……。

3 馬上硬化，採集到發出藍光的指紋！

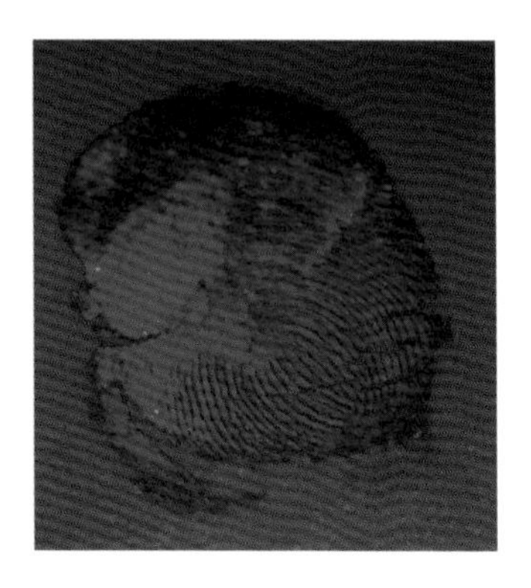

＊實驗原理

近年來，在賣場的接著劑專區內開始可以看到含有紫外線硬化樹脂的接著劑。紫外線硬化樹脂就如其名所示，特徵是被紫外線照到便會硬化。而且，它對許多素材都有很高的潤濕性，也有一定的強度，故也會被用在指甲彩繪或其他裝飾指甲的作業上。這種紫外線硬化接著劑相當適合用在指紋採樣上，只要用手指沾取極少量的接著劑，然後壓在黑色紙上就行了。接著放到紫外線燈底下照射，便會馬上硬化。

＊接著劑的分類

接著劑的種類非常多，如果你去賣場的話，會看到架上陳列著各種接著劑產品，讓人目不暇給。特別是這十年來，各家製造商更是推出了許多種品質優良的接著劑。包括合成橡膠類、矽膠類、聚氨酯與環氧樹脂類、聚醯亞胺類、氯丁酚醛樹脂類、尼龍與環氧樹脂的複合產品……可說是不勝枚舉。接著劑的分類複雜到要是每種產品都說明一遍的話，就可以單獨出一本書的程度。

以下我們將試著解說各種接著劑的特性、適合黏著的材料、黏著的強度以及潤濕性。

若將接著劑依功能簡單分類的話，可以分成木工用白膠、合成橡膠類接著劑、環氧樹脂類接著劑、氰基丙烯酸酯類接著劑、熱熔膠類接著劑，以及厭氧接著劑等。市面上的產品，其包裝盒都會註明是屬於哪一類接著劑。大多數接著劑的用途與特性可以整理成下表。

接著劑的種類	用途	黏著強度	應力作用下，被剝離的抵抗能力
木工用白膠	木材、紙	普通	普通
合成橡膠類接著劑	陶瓷、玻璃、金屬等各種材質	強	強
環氧樹脂類接著劑	陶瓷、玻璃、金屬等各種材質	強	普通
氰基丙烯酸酯類接著劑	修補堅硬材質的局部損傷、金屬間的黏著	非常強	普通
熱熔膠類接著劑	固定各式各樣的材料	弱	弱
厭氧接著劑	金屬間的黏著、防止螺絲鬆動	非常強	弱

另外，我們會用「潤濕性」來描述材料與接著劑的親和力。潤濕性愈高，就代表黏著強度愈高。潤濕性代表的是接觸後滲透進材料的容易程度，以及塗布至整個平面的容易程度。

接下來讓我們一個個詳細介紹各種接著劑的特性。

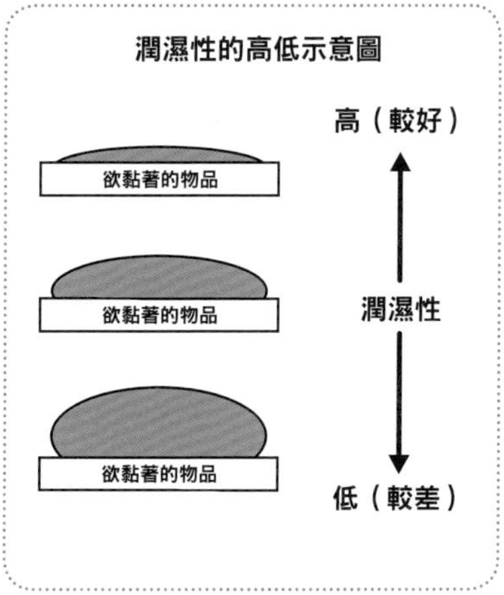

潤濕性的高低示意圖

・木工用白膠

木工用白膠如其名所示，是適合用來黏合木材和紙張等纖維類材質的接著劑。貼壁紙時使用的接著劑成分與木工用白膠幾乎相同，故要修復剝落的壁紙時，用鏝刀與木工用白膠便可漂亮地貼回去。另外，以這種接著劑黏合的成品容易因為濕氣和水而剝離，故不能用在浴廁之類潮濕的地方，各位可以先記住這點。

・合成橡膠類接著劑

合成橡膠類的接著劑有一個特徵，那就是在乾掉以後仍會以高黏度的狀態，將兩個物體固定黏合在一起。因此比起黏合堅硬的物體，這種接著劑更適合用在由合成皮、真皮之類柔軟度高的材質製成的皮帶、皮包等物品上。

相反的，如果是要把裂開的堅硬物體黏回去的話，用其他接著劑比較能不留空隙地把裂面黏合起來。

・環氧樹脂類接著劑

環氧樹脂類的接著劑大多是由兩種藥劑組合而成，使用前先將等量的兩種藥劑混合在一起，使其產生化學反應才能用於黏合，有著相當強的固定能力。市面上有非常多種環氧樹脂類的接著劑商品，可分別對應各種不同的使用環境與不同用途。物品有破裂或剝離的情況時，只要視材質種類選用適當的接著劑，大多可以漂亮地恢復原樣。

要注意的是，在混合兩種藥劑時，請盡可能不要把氣泡混進去。要是為了加快混合的效率而用攪拌棒快速攪拌的話，可能會混入大量空氣，使樹脂內留下過多氣泡，導致黏著強度下降，黏好之後也會留下醜醜的痕跡。另外，經年累月後環氧樹脂的顏色會逐漸改變，故如果用來修復全白陶瓷的話，過一陣子後裂痕會變得愈來愈明顯。

・氰基丙烯酸酯類接著劑（瞬間膠）

氰基丙烯酸酯類的接著劑只要一點點就有很高的潤濕性，故在黏合固定兩個面狀物時有很強的黏著力。然而如果用槓桿原理撬開黏著面的話，這種黏著劑便顯得相當脆弱。雖然在垂直方向上的強度很高，可以抵抗垂直方向的大力拉扯，但在固定之後卻不太能抵抗其他方向的應力，容易被扯開。

另外，這種接著劑對水的抵抗力也很差，會慢慢水解脆化，故在水分高的場所也不適合用這種接著劑。

· **熱熔膠類接著劑**

想必有很多人知道「熱熔槍」這種工具，它所使用的熱熔膠就是這種接著劑。雖然熱熔膠給人的印象不太像是接著劑，但它確實能用在許多材料的黏合上。熱熔膠有很強的耐候性，可以用來固定大部分的東西，然而潤濕性卻很低，所以投錨效果（這個詞之後會解釋）差，大部分情況下只能用於暫時固定物品，若需要長時間黏合的話，不建議使用熱熔膠。

· **厭氧接著劑**

厭氧接著劑是一種比較少聽到的接著劑，但如果你去大型居家用品店的接著劑專區，應該可以看到有一小角在賣這種接著劑。它的主要用途是防止螺絲鬆脫。如其名所示，在無氧環境下，這種黏著劑才會開始硬化。

要鎖上不容許鬆脫的螺絲時，或者要預先填充空隙時就會使用這種接著劑。要將金屬材質的物體黏合在一起時，它可以發揮非常強的強度與耐候性。

使用方法很簡單，只要把厭氧接著劑滴在螺絲上或者螺絲孔內就可以了。不過要注意的是，擠出接著劑時，不要讓擠出口直接接觸到螺絲等金屬。要是擠出口碰到金屬，讓鐵粉跑進去的話，就會從鐵粉所在位置開始硬化，不久後裡面的接著劑就會全部硬化。故在塗上接著劑前，請先將欲黏著的物體盡可能清乾淨，並注意不要讓異物跑進接著劑包裝內，才能用比較久。

教育重點

＊接著劑的原理

那麼，接著劑到底是用什麼方式把東西黏起來的呢？基本上，隨著要黏合之材質的不同，我們必須選用不同的接著劑，而不同接著劑的黏合原理也各有不同。

這裡就讓我們來試著比較木工用白膠與瞬間膠吧。木工用白膠如其名所示，適用於黏合木材或紙張等表面有一定粗糙程度的物品；另一方面，當我們想要黏合表面光滑的物體時，瞬間膠便可發揮其高強度的黏合能力。在以前播放的廣告中，就曾出現過這樣的畫面：工作人員將鐵板仔細黏好後吊起來，而他們所用的黏著劑居然可以承受一台車的重量——我想應該還有人對這段影片有印象吧。

木工用白膠沒辦法用來修補茶杯，而用瞬間膠來黏合木板也很難黏得好。為什麼會這樣呢？

木工用白膠的主要成分是聚乙酸乙烯酯樹脂。聚乙酸乙烯酯樹脂能以含水乳化物的形式存在，當失去水分時，聚乙酸乙烯酯本身就會固化。木材或紙張含有許多親水官能基，又是多孔質材料，故木工用白膠可填滿這些孔隙，將欲黏合的兩個面吸在一起，之後隨著水分的蒸發，白膠會逐漸固化，待滲入細小孔隙內的白膠完全固化後，便可將兩個面緊緊黏在一起。

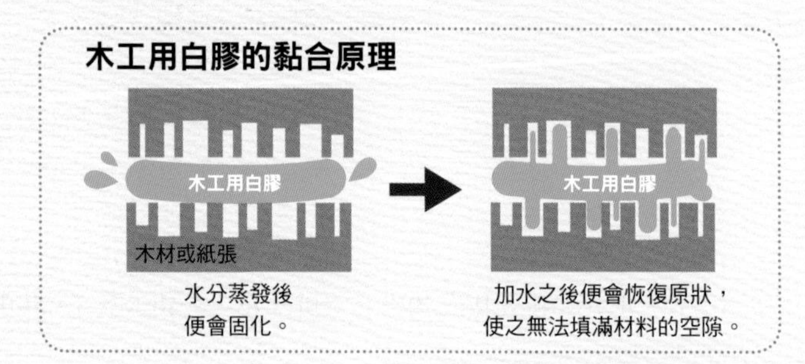

然而從分子的角度來看，木工用白膠畢竟只是乾掉固化後的聚乙酸乙烯酯，只要加入作為塑形劑的水，就會變回膠狀的樣子。因此，這種接著劑沒辦法用在會接觸到水分的物體上。另外，因為聚乙酸乙烯酯的分子很大，無法進入過於細微的空隙內，故無法用來修補破掉的陶碗。

那麼，為什麼瞬間膠可以用來修補陶碗呢？瞬間膠就是氰基丙烯酸酯類接著劑，固化時需要水分作為催化劑才可以黏合物體。也就是說，瞬間膠與木工用白膠不同，固化前和固化後的瞬間膠，其分子結構並不一樣。

瞬間膠固化時所需的水分，只要空氣中含有的水分就足夠了，故瞬間膠需要存放在較小的容器內密封，再收納於專用的盒子內，這個專用的盒子內還必須放很多乾燥劑。因為瞬間膠在開封後便會逐漸硬化，故必須保持存放環境的乾燥，以延長它可使用的時間。另外，因為它的分子很小、潤濕性很高，故可進入瓷器裂面與金屬表面上極其微小的空隙內，待聚合、固化後便可將兩個物體緊緊黏合在一起。

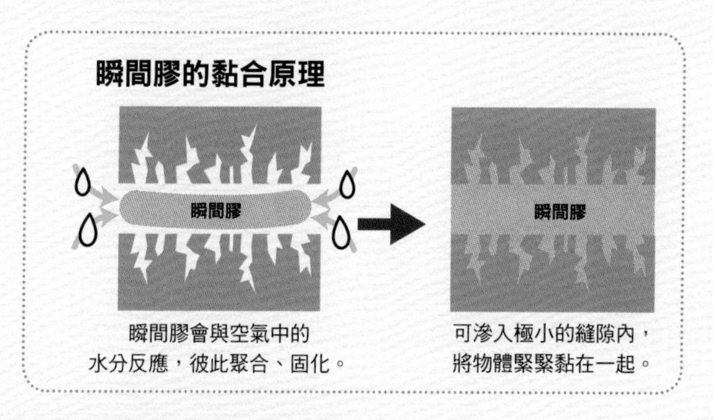

＊物理性接著劑與化學性接著劑

許多接著劑商品，會依照不同的用途，加入防水性高、或者耐候性強的成分，製成各種「〇〇用」的商品。之所以會有那麼多種專用接著劑，就是為了因應不同物體的性質，調和成最適當的比例。

像這種進入微小空隙後固化的作用，就稱為「投錨效果」。藉由這種效果黏合物體的接著劑，屬於物理性接著劑。

相對於物理性接著劑，還有所謂的化學性接著劑。舉例來說，當我們想將兩塊壓克力樹脂黏在一起時，會使用可溶解壓克力樹脂的四氫呋喃等溶劑，使其表面的分子暫時游離出來，混合在一起，再藉由共價鍵或氫鍵重新結合在一起，這就是所謂的化學性接著劑。

這種方式可以在黏合時填滿中間所有空隙。如果我們把許多片有一定厚度的壓克力樹脂疊起來，用這種方式黏合在一起的話，就可以得到一整塊壓克力，與一開始就製作成一整塊的壓克力完全相同。水族館內的大水槽須承受很大的水壓，其所使用的巨大壓克力板，就是用這種技術組合出來的。

＊黏住的需求、不被黏住的需求

我們周圍大部分的東西都可以用接著劑黏起來，但也有不少怎麼黏都黏不起來的東西。比方說常出現在我們的生活中，可以製成墊板、煤油桶的高分子塑膠「聚乙烯」就是一個例子。聚乙烯如其名所示，是由乙烯所形成的聚合物。結構單純，分子表面只有氫原子朝向外側。

聚乙烯的碳與氫之間的鍵結很穩固，若想切斷其分子鍵結，再以化學方式接合，會是一件非常困難的事。因此只能先將其表面磨粗一些，在物理上讓它變得「凹凸不平」，然後再用其他樹脂填滿中間的空隙，使其看起來像是有黏在一起的樣子。

不過，就算在物理上讓它的表面變得凹凸不平，因為材料本身很柔軟，故黏在一起的聚乙烯物品很容易被剝開。目前仍不存在可以將其黏牢、承受自身重量仍不會崩解的黏著劑（近年來的矽膠類黏著劑是有比較厲害，但用在薄片狀的聚乙烯上時，還是很容易剝離）。

反過來說，有種材質把聚乙烯「難以被黏住」的特性發揮到了極致，那就是PTFE（聚四氟乙烯），也就是名為鐵氟龍的樹脂。鐵氟龍樹脂的表面是氟原子，碳原子與氟的鍵結比碳原子與氫的鍵結還要強上許多，若想用化學方法把這種鍵結切斷再黏起來，會比聚乙烯分子更困難許多。因此，在正常使用的情況下，有鐵氟龍塗層的平底鍋，可以一直維持滑順的表面。

要想用接著劑將其他東西黏在鐵氟龍製成的產品上，實在是一件非常困難的任務。只能用各種複合型材料以及各種特殊方法，才能夠勉強把東西黏上去。即使如此，當鐵氟龍平底鍋沉到海底時，仍會有殼菜蛤（淡菜）、藤壺等生物附著上去。當然，聚乙烯製成的浮標、寶特瓶、玻璃瓶這些不適用接著劑的東西，也可能被這些海中生物附著。但會在海裡泡上數個月的潛水艇或船底，若被這些海中生物附著上去，便會使船艦的推進力降低，造成燃料浪費等問題。

為了避免被這些生物附著，船艦表面會塗上含有殺蟲劑成分的塗料，但這麼做會破壞環境，而且現在也還沒研發出能夠抵抗海水持續沖洗的藥劑，供一直在海中航行的船艦使用。因此，就像有一批人正埋頭研發各種用途的接著劑一樣，還有一批人正熱衷於研究「難以被黏住的材料」，進而形成了一個化學領域。

利用偏振光生成彩虹

難易度 ★★☆☆☆

對應的教學大綱

物理基礎／波的性質

物理／光的傳播方式

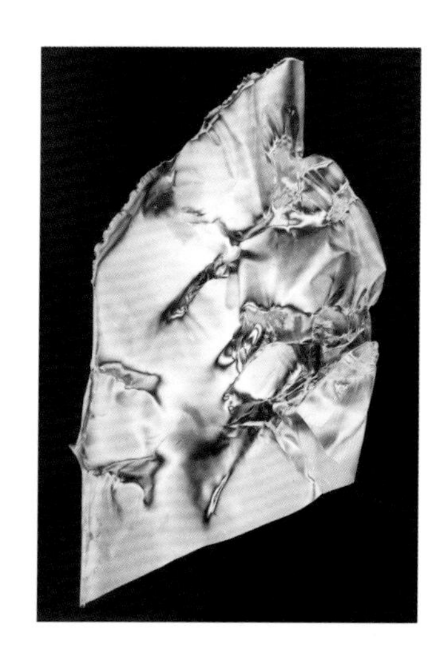

實驗主題

液晶電視、太陽眼鏡等日常生活中可以看到的工具，都會用到所謂的「偏振光」現象。讓我們透過簡單的實驗親身感受，以減少對複雜理論的排斥感。

偏光太陽眼鏡能讓原本很難看清楚的東西變清楚的原因

各位是在什麼原因之下戴上太陽眼鏡的呢？其中一個原因是為了消除眩光，可能還有人是為了擋風。滑雪的時候，偏光太陽眼鏡除了可以用來擋光和擋風之外，還可以消除雪面的反射光，讓人看清楚雪面凹凸不平之處。另外，釣魚時偏光太陽眼鏡也可以擋掉水面的反射光，讓人看清楚水中的狀況。

這就是利用了所謂的「偏振光」現象。簡單來說，請參考下方照片，水槽的玻璃會反射日光燈，使我們看不清楚水槽內的樣子，但如果透過偏振片拍攝水槽的話，就會如右下照片所示，可以清楚看到水槽內的狀況。

本節中將介紹數個與偏振光有關的實驗。偏光太陽眼鏡稍微有點貴，如果可以在網路商店買到便宜的偏振片（偏光塑膠片）的話，便可在有限的預算下進行實驗給學生看。不過要是講到偏振光原理的話，會讓難度一下子提高太多，因此本實驗將會以提升學生的興趣為主。只要扮演引導學生們走到學問入口的角色，說明日常生活中會如何應用這些原理就好。

會反射日光燈。

看不到反射的日光燈。

基本實驗

01 消除玻璃的反射光

準備材料

偏振片 1張：可以在網路商店以40幾元的價格購入。

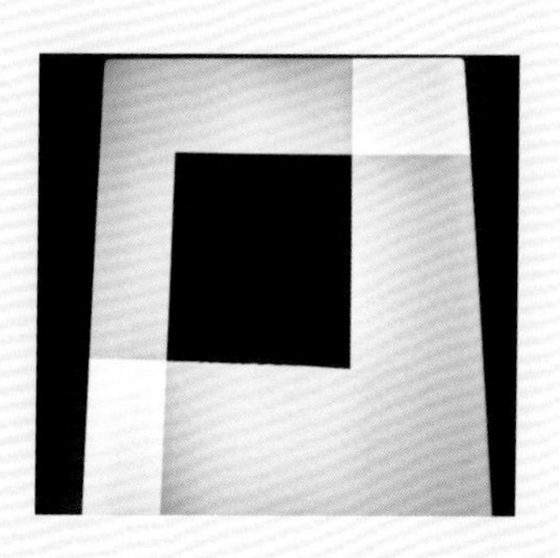

注意事項　不要隔著偏振片直接看向太陽。

實驗步驟

1. 尋找有反射日光燈的玻璃。

2. 將偏振片放在眼前，旋轉偏振片或者改變自己站的位置，看看在哪個角度下可以讓反射光幾乎消失。

＊為什麼反射光會消失呢？

讓反射光消失這種說法可能有點誇張。之所以會產生這種現象，是因為偏振片把反射光遮住，使我們的眼睛只能看到直射光（詳細原理將在第76頁說明）。攝影工作中常會用到這個原理，是專業攝影師必備的技術之一。各位在用智慧型手機拍攝照片時，如果覺得反射光很礙眼，可以試著在鏡頭前加上偏振片，把反射光擋住，雖然畫面會變得比較暗，但可以拍出少了反射光的漂亮照片。

基本實驗

02 彩虹色的湯匙

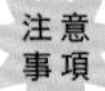

準備材料

偏振片2張
放在塑膠袋內的塑膠湯匙1支

注意事項　不要隔著偏振片直接看向強光。

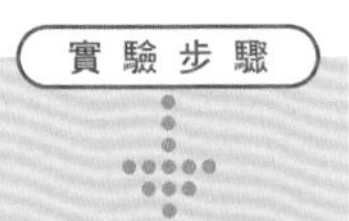

1 用兩張偏振片夾住塑膠湯匙，拿到日光燈等光源底下。

2 旋轉其中一張偏振片，即可看到湯匙呈現彩虹色澤。

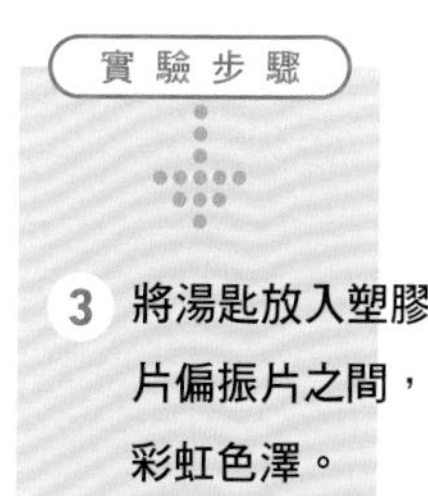

3 將湯匙放入塑膠袋內拉緊，然後夾在兩片偏振片之間，同樣可以觀察到漂亮的彩虹色澤。

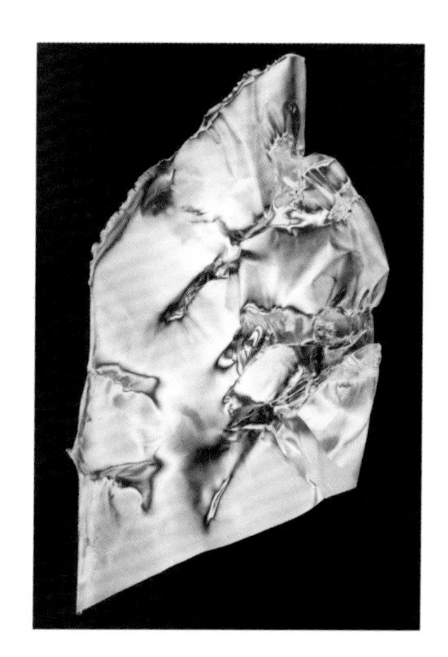

＊光彈性的觀察

大部分的東西在外力的作用下都會變形。我們可以透過偏振片觀察到變形時的詳細情形，看出外力是從哪個方向作用在物體上。不過，並不是所有東西都可以觀察得到，必須選擇特定的材料才行。

這種現象又叫做光彈性，若對塑膠稍加施力，便會改變內部的分子配置。此時若透過偏振片觀察原本應為無色透明的塑膠，便會顯現出顏色。

除了塑膠湯匙之外，桌墊等有一定厚度的塑膠布也可以用在這個實驗上。

只要用兩張偏振片夾住，再用牙籤之類壓塑膠布就好（除了牙籤之外，也可以剪下較厚的塑膠布，捲成棒狀去壓，同樣可以得到很有趣的結果），應該可以看到施加應力在塑膠上的樣子，相當漂亮。

＊光有波動的性質

之所以可以看到彩虹色的湯匙，是因為光有波動的性質。因此以下讓我們先來談談什麼是波，再藉此說明為什麼我們會看到彩紅色的湯匙。

光波就像是我們在搖動很長一條繩子時所產生的波。我們搖動繩子時，可以上下垂直搖動，也可以左右橫向搖動對吧？各位可以把平常看到的光，想成是在各個方向上搖動的波。

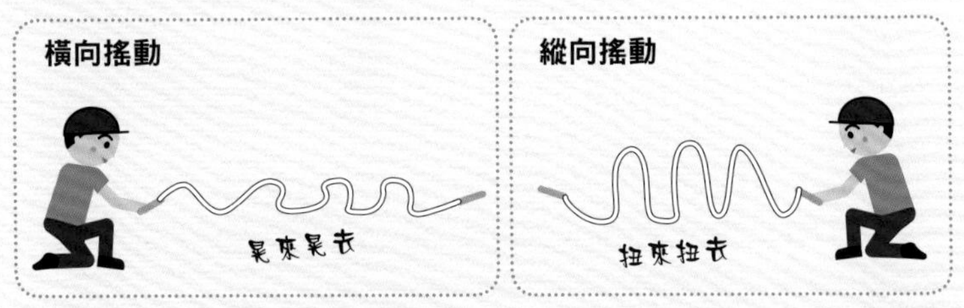

偏振片是一種結構特殊的薄片，可以擋下部分光波，僅容許朝某個方向振盪的光波通過。因此，通過偏振片後，由於有些光無法通過偏振片，所以看起來會比較暗一些。而通過偏振片後僅有單一振盪方向的光波，則被稱為「偏振光」。

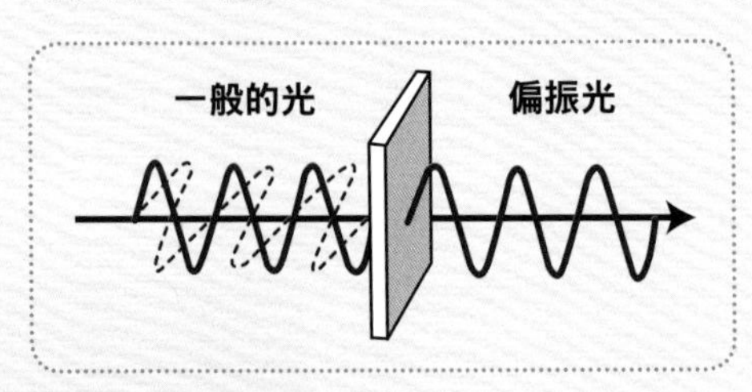

＊湯匙看起來是彩虹色的原因

若要詳細說明湯匙呈現彩虹色的原因，就必須先說明雙折射現象。不過這實在過於專業艱澀，故本書中會在不使用雙折射這個詞的情況下進行說明。若各位想要深入瞭解的話，可以試著查查看雙折射是什麼。

自然光中包含了各種顏色的光。彩虹就是將這些顏色的光分開後所看到的現象（請參考右圖）。

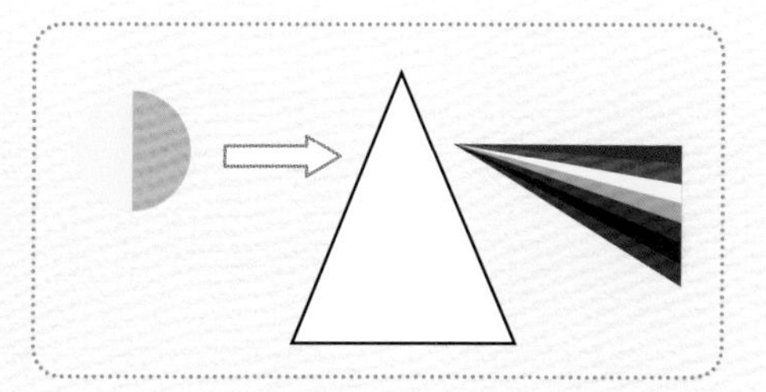

接著請參考右方的照片。這是用兩張偏振片夾住透明膠帶後拍下來的照片。

請注意水藍色的部分。要將哪兩種顏色的光混合後，才能得到水藍色的光呢？右圖中顯示了藍、紅、綠色的光（這三種顏色又被稱為光的三原色，請注意與顏料的三原色並不相同）彼此重疊時，會形成的光的顏色。由這張圖可以看出藍色光和綠色光混合後，可以得到水藍色的光。或者說，將自然光中的紅色拿掉之後，就可以得到水藍色的光。

光的三原色

事實上，白光穿過夾在兩張偏振片之間的透明膠帶後，會被消除的色光不一定是紅色，各種顏色的光都有可能被消除。而哪種顏色的光會被消除，則取決於透明膠帶的厚度。因此，當多個透明膠帶重疊在一起時，對應其厚度的色光就會被消除，使得通過的光呈現彩虹的色澤。

同樣的情形也會出現在塑膠布或一般塑膠上。若我們用兩張偏振片夾住湯匙或塑膠布的話，也可以看到彩虹的色澤。不過，要是塑膠布或塑膠製品是一片平坦的話，就看不太出顏色。稍微將其彎曲、延展，才會出現清楚的顏色。這是因為，彎曲塑膠製品會改變它的內部結構，並改變其厚度，使部分色光消失。塑膠湯匙本身就是彎曲的，所以可以清楚看到彩虹色澤。

*我們周遭有用到偏振光的工具

本實驗是由偏振光和雙折射所產生的複雜現象。筆者認為，與其在這裡把其中的複雜原理說明清楚，不如讓學生們知道這在日常生活中可以怎樣應用。

要說日常生活中有哪些東西與偏振光有關的話，可以舉出液晶電視、電腦螢幕、太陽眼鏡、護目鏡、相機偏光鏡、投影片、3D電影等例子。以下將試著說明這些例子的運作原理。

右方的照片是透過一張偏振片看液晶電視的樣子。由照片可以看出，液晶電視所發出來的光大部分都被偏振片擋掉了，故液晶電視發出來的光是偏振光。

另外，在地質學的領域中，會特別觀察岩石結晶的光學特性，並藉由偏振光所產生的干涉條紋來判斷岩石的結構。這種方法又被稱為錐光鏡檢。

我們可以用兩張偏振片和一張OHP透明投影片（在大型電器專賣店的電腦專區就有販賣），藉此一探錐光鏡檢時所產生的現象。將OHP投影片夾在兩張偏振片之間，然後在距離偏振片1～2cm的地方以肉眼觀察其邊緣，便可看到排列成圓圈狀的彩虹條紋圖樣（如右方照片）。這種圖樣與光通過岩石時會產生的雙折射現象相同。像這樣

子介紹過後，或許會有些同學對岩石產生興趣也說不定。若想知道更詳細的原理，請參考各岩石圖鑑。

另外，昆蟲也會利用偏振光的現象來分辨另一隻昆蟲是雄是雌，也可以用來判斷方位。舉例來說，蜜蜂只要看向天空，就可以知道太陽的位置。這是因為蜜蜂的眼睛有著偏振片般的功能。右方的照片中，將四張切成三角形的偏振片貼在同一個平面上，分上下左右，且每個偏振片的偏振方向都不一樣。透過組合後的偏振片看向天空，就可以透過偏振片的色澤濃度，判斷出太陽的方位。

實際上蜜蜂的眼睛不只有四張偏振片，而是由八張偏振片組成，可以判斷出更為精確的太陽位置。而正確判讀太陽的位置可以讓蜜蜂找到蜂巢的位置，幫助蜜蜂歸巢。

用光來演奏電子音樂

難易度 ★★★☆☆

對應的教學大綱 中學理科／各式各樣的能量與能量間的轉換

只要照光就可以播放出音樂…… !?
乍看之下是一個很不可思議的實驗，卻可以幫助學生理解看似艱澀難懂的光通訊技術，引起學生的興趣。

將艱澀難以理解的「光通訊」化為平易近人的實驗

聽到光通訊這個字，各位會想到什麼呢？想必應該會想到網際網路、智慧型手機、遊戲之類的東西吧。大部分的人都會覺得「聽起來好難喔」、「根本無法理解那是什麼原理」，但事實上，只要有音樂製作裝置、發光裝置、接受光訊號的裝置、將光訊號轉換成聲音訊號的裝置，就可以組裝成一個簡單的光通訊裝置。就讓我們來試著組裝出這種裝置，聽聽看會得到什麼樣的音樂吧！

基本實驗

01 以光來產生聲音的實驗

☑ 準備材料

電子音樂盒：可在網路商店購得。

電池盒：可裝上2顆三號電池，共3V。可在專賣電子零件的網路商店購得。

太陽能電池：可拆下計算機（約200多元）上的太陽能電池板使用。將固定住太陽能板的外框拆掉，然後剪掉相連的電線（計算機內部還有水銀電池，故仍可繼續使用）。

電腦用、內含放大器的揚聲器（喇叭）：可在網路商店以幾百元左右的價格購得。

LED：盡可能選擇高亮度的LED。

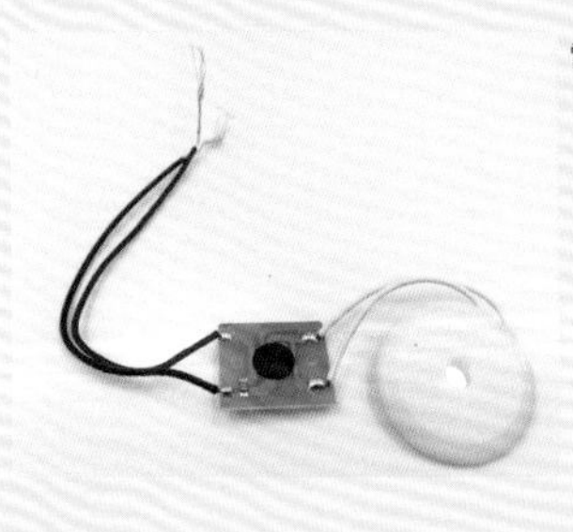

電子音樂盒。

LED。

注意事項 使用道具時請注意不要受傷。

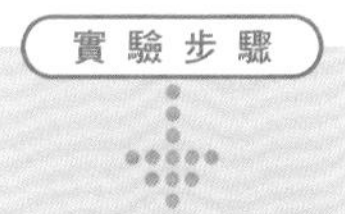

這次實驗會用到的所有實驗裝置。最後組裝成下圖的樣子。

1 將電子音樂盒的揚聲器部分切除，再接上LED。

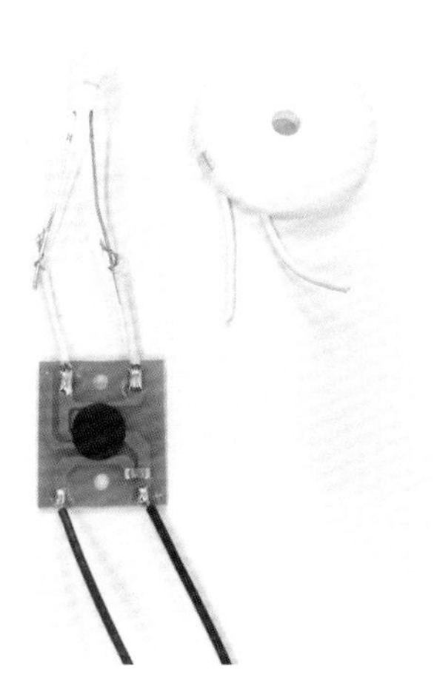

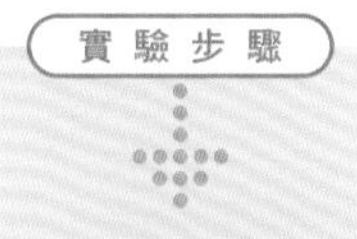

2 將電池盒（放入2個電池）的電線接上電子音樂盒。同顏色的電線彼此相接。

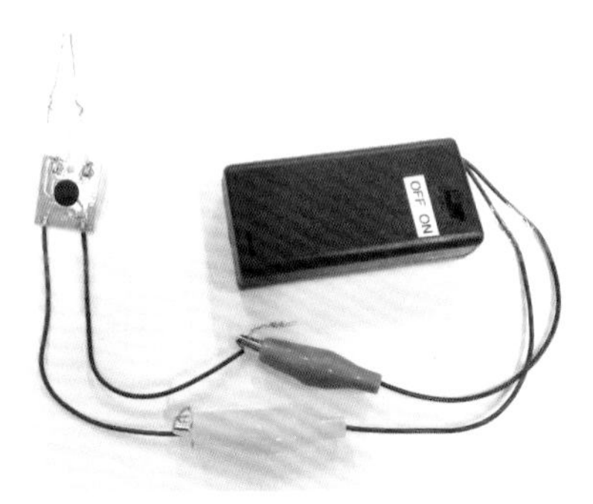

3 將太陽能電池接上內含放大器的揚聲器（喇叭）。

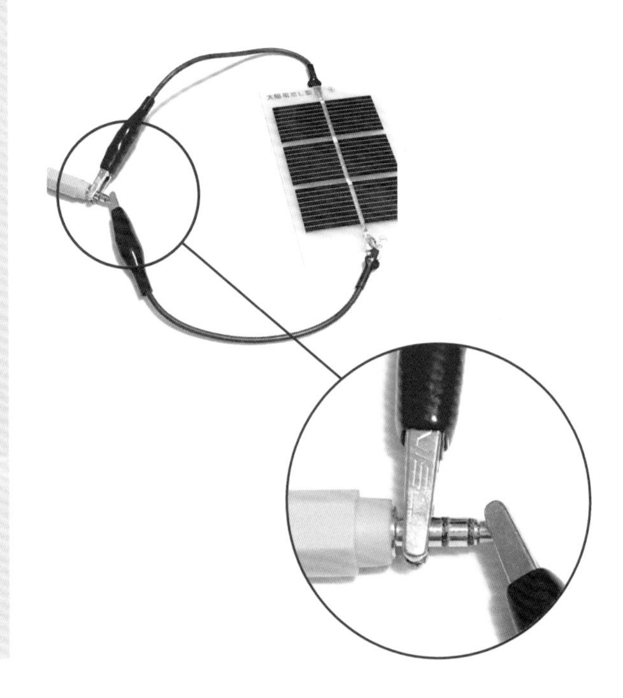

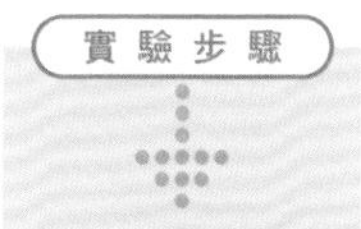

4 打開電池盒上的開關，使LED開始發光，
並將光接近太陽能電池。

5 如果揚聲器播放出音樂的話，就表示實驗成功 !!

＊實驗原理

揚聲器產生聲音時，不同的振動次數可以產生不同音高的聲音。舉例來說，如果要產生La的音，需要讓揚聲器每秒鐘振動440次。這次使用的電子音樂盒，是一種能將電訊號傳送至揚聲器，使其振動、播放出音樂的裝置。如果這種可讓揚聲器產生振動的電訊號不是輸入至揚聲器，而是輸入至LED的話，就可以讓LED發出時強時弱的光，雖然用肉眼看不出光的變化。也就是說，隨著電訊號時強時弱，LED的亮度也會跟著改變。若將這種亮度一直在改變的LED靠近太陽能電池，太陽能電池所產生的電壓就會跟著LED的亮度時高時低。而將這種一直在改變的電壓接上另一個揚聲器時，揚聲器便會跟著電壓的變化產生不同頻率的振動，讓我們能夠聽到音樂。

事實上，這個實驗的原理與AM廣播相當類似。若想進一步瞭解的話，可以試著找找看圖書館或網路上的資料。

＊我們周圍的光通訊技術

若想瞭解光通訊的原理，就必須具備聲音頻率、太陽能電池，以及光學領域的相關知識。聲音的音高與頻率有關，太陽能電池會因為接收到不同強度的光而輸出不同電壓或電流的電訊號……從這些前提開始說明的話，應該可以讓學生更容易理解這個實驗的原理。

由於實務上的光通訊會用到所謂的光纖，在教授全反射的單元時，可以準備塑膠製的細管，組裝出如右頁照片般的裝置，說明光通訊的原理。將塑膠製細管裁切成適當的長度，使LED的光從細管一端射入，並使另一端射出的光照在太陽能電池板上，就和實務上的光通訊相當接近了。在課堂上介紹全反射時，讓學生們看到光在水槽內實際反射的樣子固然重要，但讓學生們知道這個原理可以用在什麼地方也同樣重要。

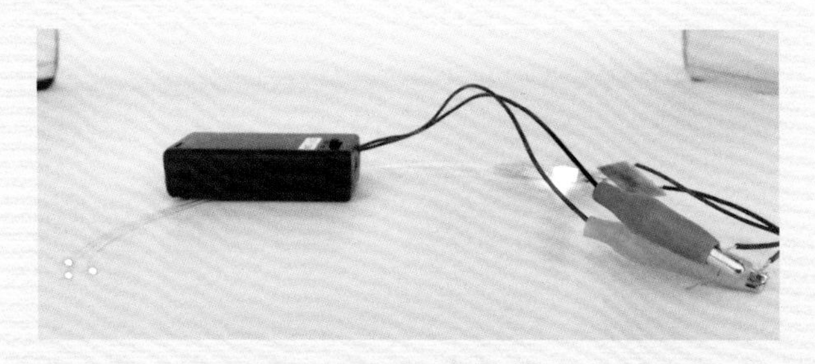

話雖如此，做完這個實驗之後，和全反射比起來，大部分的學生對「光可以用來通訊」這件事應該會留下更深刻的印象才對。這或許會模糊掉授課的焦點，但如果能夠讓學生們瞭解到全反射確實有用在現代資訊通訊技術上，並藉由實驗留下深刻印象的話，我認為也未嘗不是一件好事。

若各位有機會前往位於筑波市的產業技術綜合研究所的展覽館「Science Square」，便可以看到應用這次實驗原理所製作出來的裝置。展示品上方靠近天花板的地方有個發光裝置，讓這個光照射到從櫃檯借來的揚聲器，便可以聽到展示品的相關解說。這個裝置的運作機制與這次實驗中的光通訊原理相同，都是將光訊號轉變成聲音訊號。除此之外，在我們的生活周遭隨處可見遙控器、自動門等會用到光的通訊系統。多觀察我們周圍的事物，試著找出有用到這些原理的裝置，不也是件很有趣的事嗎？

發出詭異光芒的螢光結晶

難易度 ★★☆☆☆

對應的教學大綱 化學基礎／原子的結構

化學／有機化合物

實驗主題

顏色醒目的螢光在我們生活中有很大的用處，像是螢光筆和道路標示等。本節將透過製作出能發出美麗光芒的結晶學習人類可見光的範圍，以及螢光的原理。

既安全又吸引目光的絢麗實驗

説到日常生活中的螢光，可能會讓各位想到在參考書或教科書上標註重點的螢光筆、道路標示用或塗裝用的螢光漆，而令人意外地洗衣劑中的增白劑也含有螢光色素。下村脩博士發現了水晶水母的綠色螢光蛋白，進而開創出生物影像的相關技術，並於2008年時獲頒諾貝爾化學獎，應該還有不少人對這件事有印象吧。

可是，如果想要在學校或教導小朋友的實驗教室介紹什麼是螢光，並操作螢光相關的實驗的話，通常會選擇焰色反應實驗，或者是用黑光燈照出一般燈光下看不到的文字等實驗。

本系列書籍的第一本《比教科書有趣的14個科學實驗Ⅰ》中曾介紹過天氣瓶的實驗，而本節將會製作螢光版的天氣瓶。另外，最近在美國的實驗介紹網站中，一種名為Smash Glow的實驗引起了很大的話題。本節也將介紹如何製作出會產生破壞發光現象的結晶。雖然會用到一些看起來很專業的藥品，但並不是什麼危險的實驗。破壞冰糖結晶時雖然也會產生破壞發光現象，但幾乎看不出來。相較之下，本實驗製作出來的結晶會有比較好的發光效果，更適合作為教材。

基本實驗

01 螢光天氣瓶

☑ 準備材料

樟腦 13g：樹櫃用的除蟲劑之類，方便取得的樟腦即可。

硝酸銨 2.5g：能以瞬間冷卻劑的形式購得。

氯化鉀 4g：「減鈉鹽」之類的產品。即使含有一半左右的氯化鈉也沒關係。

酒精 40ml：可在藥局購得的無水酒精。

蒸餾水 30ml

螢光劑：取出數支螢光筆的筆芯切碎，加入酒精（額外的酒精），待其蒸發後便可得到螢光成分。

在穩定的結晶出現之前，請不要搖晃天氣瓶。夏天時若氣溫超過30℃便難以形成結晶，故實驗最好避開炎熱時期。

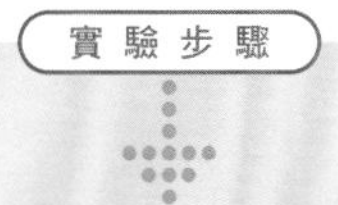

1 將所有材料放入燒杯內隔水加熱。完全溶解後，將瓶子封起來，於室溫下靜置兩天左右，待其析出結晶。

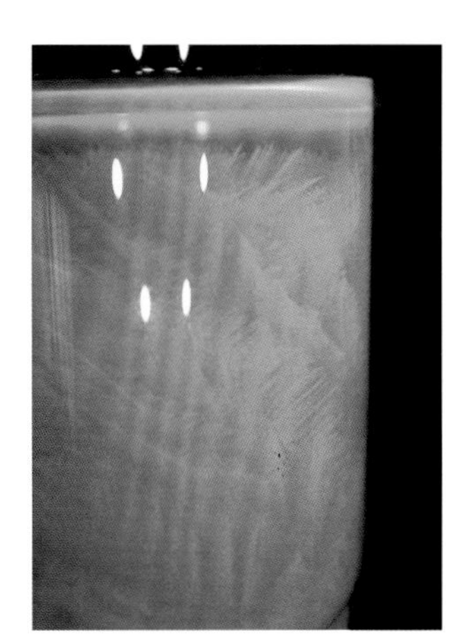

2 因為含有螢光劑，故結晶在黑光燈下會發出螢光。

＊發光的天氣瓶

天氣瓶是一種只要天氣或氣壓改變時，瓶內的結晶形狀就會隨機改變的東西（※結晶形狀改變的原因有多種說法）。雖然許多科學玩具專賣店或工藝品店就有販賣天氣瓶，不過因為天氣瓶的成分很單純，故自己在家也做得出來。這次的實驗就是讓天氣瓶發光。

在嘗試過許多種螢光成分之後，我們發現用核黃素為結晶上色時，對結晶的生成幾乎不會有任何影響。實驗步驟很簡單，只要一邊加熱一邊混合這些材料，待其冷卻後就可以得到結晶了。

基本實驗

02 摸得到的螢光結晶！

準備材料

磷酸二氫銨 200g：可在網路商店以化學藥品的形式購得。

螢光筆 數支（可以的話請準備螢光黃（Fluorescein））：切碎後加入酒精，待酒精蒸發後取用其螢光成分。

水 400g

果醬瓶之類的空瓶

實驗步驟

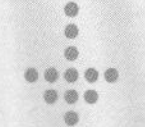

1 製作磷酸二氫銨的飽和溶液，加入螢光色素。

2 放置三到五天後，可得到乍看之下近乎無色的結晶。

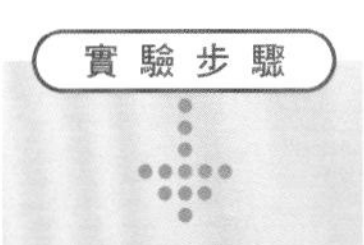

3 拿到黑光燈下，便可觀察到發出漂亮螢光的結晶。

＊加入額外材料，讓實驗變得不一樣

在天氣瓶內成長的結晶過於脆弱，要是把結晶從液體中取出的話，很容易會弄碎。於是我們想試試看能不能製作出比較堅固，可以承受一定程度碰觸的螢光結晶。

這個實驗的材料也很簡單，只要有磷酸二氫銨、水、螢光筆和酒精，就能製作出相當漂亮的結晶。市面上賣的某些結晶成長觀察教具內，用的也是類似的成分，不過這些教具所用的色素多為食用色素。本實驗則將食用色素改為螢光色素，使結晶可以在黑光燈的照射下發出漂亮的螢光。

就算買不到螢光黃（Fluorescein）之類的藥品，也可以在文具店內購買數支螢光筆，切碎後加入酒精中，待酒精蒸發後，便可取出螢光黃之類的螢光成分。接著將其加入溶液內，螢光成分就會以雜質的形式進入結晶內，使結晶發出螢光。

基本實驗

03 破壞後就會發光!? 破壞發光結晶

準備材料

無水酒精 100ml

二苯甲醯甲烷 2.93g

硝酸銪（六水合物）1.4g

三乙胺 1.9ml

※請透過學校訂購以上所有藥品。

※以上所標記的量只要大概就好，不需要過於謹慎地測量到很仔細的程度。

本實驗會用到很多藥品，因此請在化學老師等專業人士的指導下進行實驗。

實驗步驟

1. 以無水酒精溶解二苯甲醯甲烷、硝酸銪，將兩者完全溶解之後加入三乙胺，加熱至完全溶解。注意不要加熱過度使其沸騰。

2. 將溶液裝至適當的容器內，塞上橡膠栓。

實驗步驟

3 析出結晶時，如果溫度變化過快，產生的結晶會變得很小。故請將步驟②的容器放在如保溫瓶般溫度變化較小的環境下兩天左右，待結晶慢慢析出。

4 將析出的結晶敲下來、過濾（可以用抽氣過濾）。剩下的液體留著，之後可以用來析出更多結晶。

5 將析出的結晶仔細過濾，除去多餘的液體，以無水酒精清洗乾淨後乾燥。在黑光燈下可以看到漂亮的橘色螢光。

＊不只有衝擊性，還可以回收再利用，是CP值很高的實驗

這次介紹的是最近在美國的實驗介紹網站中引起話題，名為「Smash Glow」的破壞發光實驗中所用到的結晶的製作方法。雖然這種結晶在黑光燈的照射下也會發光，但如果把析出的結晶放入玻璃瓶內，用攪拌棒壓碎攪拌，晶體崩解時就可以觀察到肉眼可見的美麗橘色光芒。實驗結束後，將不再發光的結晶倒入步驟④的液體內，重新加熱後還能使其重新結晶，重複利用好幾次。

本實驗雖然會用到硝酸銪這種聽起來好像很專業的藥品，但這並不是什麼危險藥品，實驗效果也很好，因此相當適合用來進行這個實驗。

＊所謂的螢光現象

某些分子會吸收紫外線轉變為激發態，並將多餘的能量以光的形式釋放出來，這就是螢光。如果我們觀察到某些物體釋放出螢光，就表示這種物體內的某種特定分子會吸收我們看不見的紫外線，再產生我們看得見的可見光，對人類的眼睛來說看起來就像是物體本身在發光一樣。下方照片是筆者用食用螢光色素染色而成的「螢光烏龍麵」。用黑光燈（紫外線）照射後，會發出很不像食物會有的顏色的

光（左頁右方照片）。

會發出什麼樣的螢光，取決於電子在這種分子內的分布。分子內有各式各樣的電子軌道，如果分子所吸收的紫外線，可以填補電子密度較高的軌道（HOMO：最高佔據分子軌域）和電子密度較低的軌道（LUMO：最低未佔分子軌域）之間的能量差的話，電子就會從HOMO軌道進入LUMO軌道，轉變為不穩定的激發態。這時，多餘的能量就會以光的形式釋放出來，讓我們看到「螢光」。

嚴格來說，只有當螢光落在人類肉眼可見的可見光範圍內，才會被當成「螢光」來看。舉例來說，最單純的螢光性分子「苯」，可以吸收254nm的紫外線而成為激發態，擁有螢光性。但苯所釋放的光波長在300nm以下，在紫光的區域之外，人眼看不見，故苯被視為無螢光性的分子。另外，防曬乳所含有的有機色素（甲氧基肉桂酸辛酯等）在轉變成激發態後，會將多餘能量以熱（紅外線）的形式釋放出來，卻因為我們看不到這種紅外線，故會將其視為無螢光性的分子。另一方面，常用於螢光筆的螢光黃（Fluorescein）也會釋放出波長為515nm的光，也就是綠色螢光。

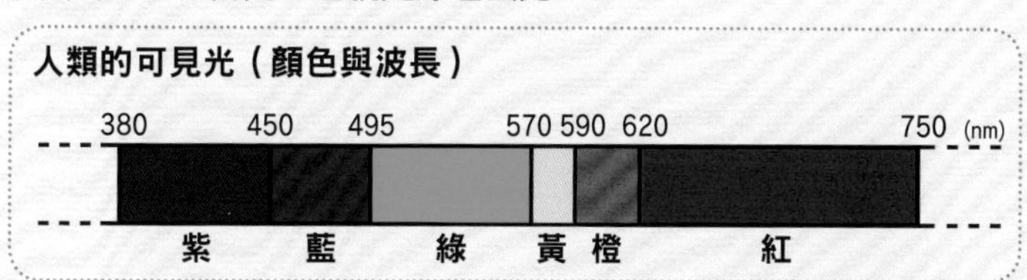

順帶一提，某些可以看到紫外線的鳥類，或許可以看得到由苯所釋放出來的螢光。人類擁有三種椎體細胞，可分別對應光的三原色；相較之下，鳥類擁有四種椎體細胞，也就是說他們可以看到四原色。而且鳥類的眼睛內，中心窩的神經細胞密度是人類的好幾倍，這代表它們的視力解析度也遠勝於人類，故可以想像得到，鳥類擁有人類無法比擬的超精細視覺。也就是說，對不同動物而言，「看得到」的意義也有所不同。

＊生活中的螢光物質

螢光物質有醒目的作用，故常被用在生活中的各個角落。一般人最先想到的應該是螢光筆吧。粉紅色與綠色螢光筆內，含有羅丹明

WT或螢光黃等螢光色素。羅丹明大多用來呈現紅色螢光，其中，羅丹明B常用在塑膠的染色上。想必應該有不少人在學生時代用過紅色塑膠墊板來背誦書中內容吧，這種墊板所使用的紅色色素也是螢光色素。不過，因為這種色素在墊板內的含量不高，且墊板內還有其他添加物，難以顯現出這種色素的螢光性，所以我們不太能觀察到它的螢光。由於墊板是紅色的，會吸收互補色的綠光，故可將綠色螢光筆畫線的部分變成全黑，幫助使用者背誦書中的內容。

羅丹明WT與螢光黃的顏色相當艷麗，而且幾乎對生物無害，故常用於井水調查與水管配線的漏水調查。另外，美國的芝加哥河在每年的聖派翠克節，都會用螢光黃把整條河染成綠色。此外各種活動或音樂會上所看到的化學發光裝置，也會用到這些螢光物質。

而除了紫外線之外，不少分子也會因為熱或衝擊而轉變成激發態。生活中常見的冰糖就是一個例子。用鉗子夾住冰糖一口氣把它夾碎時，會發出瞬間的光芒。由於這個光很微弱，故如果眼睛不習慣在黑暗中看東西的話，便很難看到這道光芒，但這也是螢光的一種。當冰糖受到物理衝擊時會像壓電元件般產生電能，這些電能會使分子轉變成激發態，發出螢光。這稱為破壞發光（Triboluminescence），將貼在一起的透明膠帶或電工膠帶一口氣撕開時，也會產生肉眼可見的破壞發光。

如果這些破壞發光的實驗在真空中進行，還會產生波長很短的X光，網路上可以找到用這種效應進行X光攝影實驗的影片。

「氣味」的科學實驗 香料、除臭劑實驗

難易度 ★☆☆☆☆

對應的教學大綱
- 生物／動物的反應與行動
- 中學理科／酸、鹼、離子

09

實驗主題

用市售商品所含有的香料進行實驗、製作除臭劑。並透過這個過程，瞭解人類五感之一的嗅覺機制，以及化學力量是如何控制我們聞到的東西是香還是臭。

直接與本能連結的唯一資訊「氣味」

我們的生活是由許許多多的化學產品支撐起來的。而這些化學產品之中，有不少會直接刺激我們的視覺、聽覺、觸覺、味覺等感覺器官。其中當然也包括了會刺激我們嗅覺的東西，也就是所謂的「香料」。另外，市面上也有販賣所謂的除臭劑，可以消除我們周圍令人討厭的臭味。將化學合成的酯類與醛類以絕妙的比例混合之後，可以得到相當接近原始食物的食品用香料，也可以用於除臭芳香劑，消除寢室、廁所的氣味，或者將某種氣味轉變成其他種氣味。氣味相關產品的應用相當廣泛，我們幾乎每天都看（聞）得到。

通常，味覺、觸覺、聽覺、視覺的資訊都會傳送到人類特有且相當發達的大腦新皮質區域，並在這裡進行解釋。然而嗅覺卻是五感中唯一將資訊直接輸入至大腦邊緣系統的感覺。這是因為，在很久很久以前，靈長類都還沒演化出來的時代，我們的祖先在獲得生存必須的重要資訊時，譬如能否與繁殖對象進行繁殖行為、同伴是否生病、眼前的食物能不能吃、離水源近不近等，都需要仰賴嗅覺的幫助。

事實上，若我們觀察人類以外的動物，會發現比起視覺與聽覺，牠們更常使用嗅覺來認識這個世界。目前已知有許多動物會利用費洛蒙這種氣味訊號，當作荷爾蒙來使用。

相反的，只有人類因為大腦新皮質在演化過程中發達了起來，使大腦需要接收、處理大量嗅覺以外的資訊，導致嗅覺方面變得比較遲鈍，這在動物界中反而是個特例。

但這並不表示人類的「嗅覺」不重要。在人類的欲望、感情，以及對食物的偏好方面，「嗅覺」仍扮演著很重要的角色。

這次就讓我們用自己的身體，以及可以在藥局、超市輕易購得的香料來做實驗，藉此瞭解身體的嗅覺機制，以及「香料」給人的嗅覺感受，用化學的角度來觀察這些日常生活中常見的物品。

基本實驗

01 居然能重現出那個香味 !? 自製可樂水

準備材料

芫荽：生的芫荽（香菜），或者是管裝芫荽醬皆可。

萊姆（青檸）：橢圓形的生萊姆，如果有萊姆精油就更方便了。

實驗步驟

1. 用手撕碎芫荽，將碎片放入少量的水中，製成有芫荽香的水。許多小孩子很討厭芫荽的香味，此時應該會覺得很「臭」而摀住鼻子。

2. 加入一滴萊姆精油，充分混合後會出現驚人的變化，變成人人都熟悉的「可樂味」。

＊臭味與香味只有一線之隔

氣味在不同的組合或不同濃度之下，會給人不同的感覺。舉例來說，金木樨（丹桂）的香味中，有一種成分居然也是人類與動物的糞便臭味的主要成分，它的名字就叫做「糞臭素（skatole）」。若在一旁仔細觀察金木樨的花，可以發現除了蝴蝶、蛾、蜜蜂會前來探訪之外，數量眾多的蒼蠅也會被花香吸引過來。由此可知，氣味在科學界中是非常深奧的學問。本實驗就是讓學生們透過各種氣味的組合，親身體驗對氣味感受的變化。

這個實驗中所用到的芫荽（香菜）是一年生的草本繖形科植物，好生長於潮濕的土地。近年來，異國料理蔚為風潮，而芫荽因其獨特香氣廣泛用於各種異國料理上，故超市中也愈來愈容易買到芫荽。不過，有些人覺得芫荽好像有種椿象般的氣味（事實上，部分醛類的氣味確實與椿象的氣味相同），而因此討厭吃芫荽的人也相當多。

不過很多人不知道的是，芫荽的獨特氣味，其實也是世界最著名的氣泡飲料「可樂」的氣味主要成分。以芫荽那像是要讓人窒息的刺鼻氣味為基調，加入萊姆等柑橘類的氣味作為前味時，就會神奇地轉變成可樂的氣味。原本可樂的氣味除了芫荽和萊姆汁外，還包括了薰衣草與苦橙花等氣味，不過就算只有芫荽和萊姆，也足以重現出「和可樂非常相似的氣味」。

實驗方法十分簡單，只要用手將芫荽撕碎，放入少量的水內，製作成帶有芫荽氣味的水，再加入一滴萊姆精油充分混合就可以了。這時，氣味會產生驚人的變化，轉變成人人熟悉的「可樂氣味」。當然，這種液體並沒有任何味道，喝起來還是和可樂的味道差很多，但如果只聞它的氣味的話，卻會感覺它變成了香氣清新的可樂氣味，完全不輸給一般店家販賣的可樂，很驚人吧。

基本實驗

02 把檸檬茶變成麝香葡萄茶

☑ 準備材料

市面上的檸檬茶（寶特瓶）
麝香葡萄、柳橙等的香料
藍色、紅色的食用色素

※近年來，幾乎所有香料與色素皆可在網路商店上購得。藍、綠、紅等常見的食用色素，以及柳橙、檸檬的香料，甚至可以在大型超市內找到。

實驗步驟

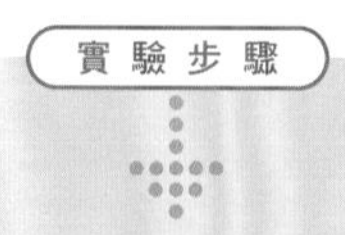

1 將麝香葡萄（或者是柳橙）的香料加至檸檬茶中，便可得到一瓶麝香葡萄茶。若再加入藍色食用色素的話（如果前面加的是柳橙香料則加入紅色食用色素），看起來就更像了。

解說

*香料之所以能改變味道的原因

有些科學實驗的書籍會教人如何合成出各種酯類，以製造出各式各樣的香氣。不過如果是自己合成的話，成品通常還是會殘留一些化學藥劑般的臭味。而市面上販售的芳香劑，通常會分別使用數十或數百種這類化學分子，並加入抗氧化劑，使之可以長期保存。另外還會配合使用條件，使其擁有與原始物質相似的蒸氣壓，可說是一項非常專業的技藝。

這個將檸檬茶轉變成麝香葡萄茶的實驗，可以讓學生們親身體驗這種完成度很高的市售香料性質。檸檬茶所含有的芳香成分，自然是檸檬的香氣。檸檬的香氣是由檸烯等香氣成分所組成，種類不多。且麝香葡萄、柳橙等水果的香氣成分中，也多少含有一些檸檬的香氣成分，因此若將麝香葡萄或柳橙的香料加入檸檬茶內，便可以蓋過檸檬茶本身的檸檬香氣。

另外，由於原本的檸檬茶是黃色，如果加入藍色食用色素的話，就會變成麝香葡萄般的綠色；如果加入紅色食用色素的話，就會變成柳橙般的橙色……只要再加上顏色的變化，僅僅1滴就能完全變成另一種飲料。這可說是最適合說明香料神奇之處的實驗。

要瞭解深奧的氣味，只做這些實驗的話可能還不太夠，接著就讓我們來試著做做看除臭劑吧！

基本實驗

03 自製除臭劑有辦法消除臭味嗎？

準備材料

α-環糊精 1～2g：應該可以在網路商店購得。

黃原膠 10mg：任何增稠劑都可以，只是黃原膠最容易取得，也最容易溶解。

水 100ml：自來水也可以，過濾後的更好。

氨水：藥局裡買到的稀氨水即可。

燒杯、寶特瓶

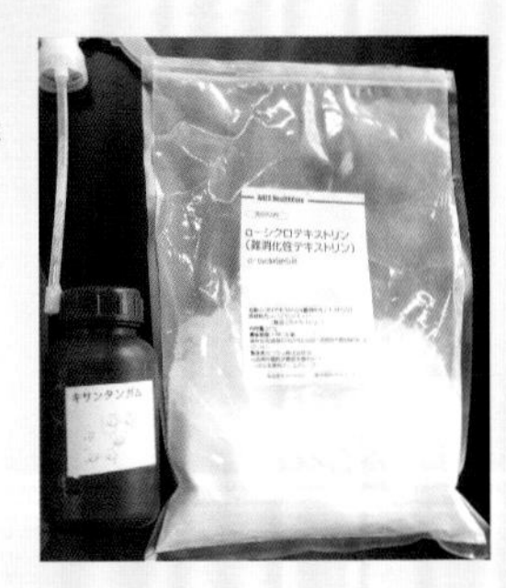

注意事項

取用氨水時，請戴上護目鏡。如果手不慎觸碰到氨水的話，請清洗乾淨。要是不小心跑進眼睛的話，請用大量的水沖洗，並給醫生檢查。

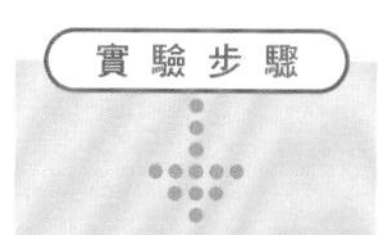

1 在煮至50℃以上的過濾水中，加入α-環糊精和黃原膠溶解，待其冷卻。

2 在一個寶特瓶內倒入什麼都沒加的過濾水，另一個寶特瓶內則倒入步驟①的除臭劑，然後在兩瓶液體內分別滴下氨水，確認其氣味。

＊市面上販售的除臭劑是由什麼成分組成的呢？

除臭劑大致上可以分成使用兩性離子界面活性劑的產品，以及使用α-環糊精的產品兩種。α-環糊精如其名所示，是有環狀結構的多醣，對人體來說是難以消化的食物纖維。在網路上可以用營養品的名義購買，相對容易取得。另外它的毒性也相當低，比較不容易影響其他動物。

α-環糊精的環狀結構可以將低分子的胺類與有機溶劑包覆住，故可製成除臭劑於市面上販售。若再加入黃原膠之類的增稠劑，可以讓α-環糊精在捕捉到分子之後更加牢牢抓住分子，故市面上的除臭劑大多含有這類增稠劑。搖動除臭劑後容易產生泡沫，就是因為裡面含有這些成分。

＊嗅覺的機制

生理學上的嗅覺機制與味覺十分相似。當有味道的分子接觸到名為味蕾的神經末梢時，其特定的分子結構會與味蕾反應，接著味蕾將其轉變成電訊號傳送至腦部，而腦部會以「味覺」的形式接收這個訊號，並產生感覺。若我們從更微觀的角度來看這件事，就要從一種名為「G蛋白偶聯受體」的蛋白質開始說起。這種蛋白質分子很長，來回穿梭於細胞膜內外，就像是縫衣線一樣。它可以和鈣離子通道及氯離子通道合作，將接收到的訊號轉變成電訊號，傳送到腦部。G蛋白偶聯受體是人類體內的蛋白質受體中最多的一種，其像繩子般的多肽鏈來回穿梭於細胞膜內外，部分結構露出於細胞膜外，可以和外界某些特定物質反應，並作為一個觸發器，啟動後續反應。

嗅神經同樣也有G蛋白偶聯受體，其肽鏈在細胞膜內外來回穿梭七次，結構與味蕾的G蛋白偶聯受體十分相似。氣味成分雖然是氣體，但它同樣會溶解在黏膜上，然後與受體結合，到這裡與味覺的情況相同。不過味覺的神經細胞在傳送訊號時，會先經過大腦新皮質，再抵達大腦其他部位；而嗅覺的神經細胞接受刺激後，則會將訊號直接傳送至被認為是司掌本能的舊皮層「大腦邊緣系統」，這點是兩者最大的不同。

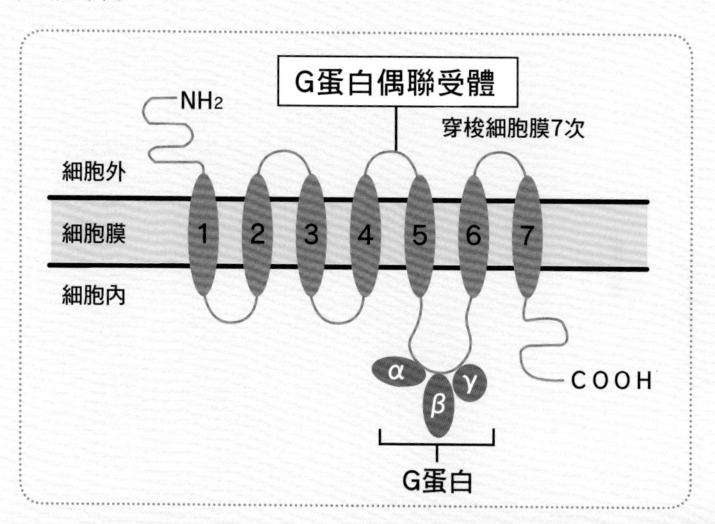

因此，即使在味覺上對某種食物曾經有過不好的經驗（苦、難吃、腐敗）而覺得「不想吃」，只要改用新鮮的食材，或用更好的方式調理後再吃一遍，使感覺良好的味覺訊號經過司掌記憶與思考之大腦新皮質，就可以將這種食物的印象轉變成「可以吃」，進而輕鬆克服這種食物。然而，如果某種食物有讓你討厭的氣味，就會從本能上討厭這種食物，而難以克服這樣的排斥感。

*與其他動物的比較

我們總有種人類嗅覺很遲鈍的印象，不過和一般認為嗅覺敏銳的狗或老鼠相比，人和這些動物所擁有的嗅覺受體基因數目其實差不多都是一千種左右。只不過就人類而言，卻有三分之一左右沒有轉譯成嗅覺受體蛋白。即使如此，這個數量也比昆蟲或魚（大多只有數十種）還要多了很多。人類的嗅覺雖然不敏銳，但因為是雜食性的動物，故擁有種類繁多的受體，可以偵測到多種氣味。

直到近年，我們才逐漸開始瞭解嗅覺的機制。1991年時，哥倫比亞大學的理察·阿克塞爾與琳達·巴克兩位博士從大鼠的嗅上皮細胞中，首次選殖出嗅覺受體基因，自此之後才真正開啟了受體運作機制的研究。

嗅覺受體在接觸到某一種物質時，並不是發送單一電訊號給大腦。目前已知人類的嗅覺受體可以分辨出各種分子極其細微的結構差異，並在其複雜的機制下，讓我們能嗅出各種氣味的成分。

另外，也有人主張人類可能有性費洛蒙。某些研究指出，在排卵前女性陰道分泌物中的3-甲基丁酸、乙酸正丙酯、乙酸異丙酯、乙酸正丁酯的分泌量會增加，而且女性荷爾蒙分解後的產物，其某些組合可能會產生能將男性迷得神魂顛倒的香氣。據説這些分子的作用機制或許也和人類的戀愛有關。

另外，女性會對近親男性的味道表現出嫌惡感。我們經常可以聽到有女兒的爸爸們説「進入青春期的女兒特別討厭爸爸的臭味，連衣服都不想和爸爸的一起洗」。雖然只是茶餘飯後的閒聊話題，不過這或許是為了避免近親交配，在原始時代就演化出來的本能（＊）。

＊使用上須留意的地方

芳香劑、除臭劑，以及食品的香料，雖然這些都是在「氣味」上下工夫，但隨著條件的不同，使用的藥品種類也不一樣。舉例來説，同樣是薰衣草的香氣分子，用在車用芳香劑、廁所用芳香劑、芳香療法用薰香劑，或者是食用香料上時，需要的易揮發性（蒸氣壓）、耐熱性、耐候性皆不同，故產品的組成成分也會不一樣。

這些芳香成分可以讓使用者周圍的空間氣味變得更加繽紛。不過最近，芳香分子與寵物的相性卻引起了不小的話題，特別是芳香療法中所使用的精油。雖然我們已知精油對人體無害，卻不曉得是否對寵物也同樣無害。除了貓狗之外，如果再加上熱帶魚等寵物的話，就很難説芳香劑、除臭劑一定對這些寵物無害了。舉例來説，部分芳香劑或除臭劑的主要成分是界面活性劑，而界面活性劑對於蝦子之類養在水缸內的生物，或者是獨角仙之類的昆蟲來説，常常是有毒的。

另外，過去也曾經發生過寵物直接舔食芳香精油而導致中毒的案例。人類是雜食性生物，肝臟相當發達，所以解毒能力也比較強，但貓狗卻沒有這麼強的解毒能力。就大部分的芳香分子而言，我們至今仍不曉得貓狗長期吸入這些分子是否對身體有害，所以，如果使用環境中有其他生物的話，應該要特別注意。

＊國外比較少看到芳香劑產品的原因

在日本生活的話，可以看到芳香劑與除臭劑理所當然地陳列在商店內，不過一到了國外，就會發現很難找得到賣這些產品的店家。這或許和日本人的體質有關。

日本人把體臭很強的體質稱為「腋臭」。這些人在腋下和陰部分布了許多頂漿腺（apocrine gland），會分泌帶有強烈臭味的汗液。甚至有外科手術可以切除這些部位的皮膚。

有些日本人會把「腋臭」當成疾病看待，但事實上，白人與黑人幾乎100%都有這種體質，只是剛好在黃種人身上比較少見而已。和來自國外的外國人見面時，日本人常會有「體味好強烈」的感覺。在白人文化圈內，會配合體味使用薰香或香水，調和成獨特的氣味，不過日本卻因為體質的關係，而沒有發展出這樣的文化，倒是演變成了不管什麼味道都想要用除臭劑消除的文化，筆者對此感到有些無法理解⋯⋯。

參考文獻：
＊G. E. Weisfeld et al., J. Exp. Child Psychol., 85, 279(2003)

化學的結晶
自製洗髮乳

難易度 ★★☆☆☆

對應的教學大綱

中學理科／酸、鹼、離子

中學理科／原子的組成與離子

化學／溶液與平衡

實驗主題

大部分的人每天都會用到洗髮乳，但真正知道洗髮乳如何發揮作用的人並不多。本實驗將從分子世界的角度，說明洗髮乳的作用機制。

洗髮乳不僅僅是清潔劑！洗髮乳與潤髮乳的功能

每個人每天都會用到洗髮乳與潤髮乳，它們可以說是我們再熟悉不過的日常用品。不過，它們究竟是由哪些成分組成，又是藉由什麼樣的作用去除污垢的呢？想必大部分的人應該都沒有思考過這些事吧。

如果是醫用藥品的相關問題的話，只要問藥局裡的藥劑師就可以得到答案了。他們是醫用藥品的專業人士，可以提供關於藥物的適當建議。但如果拿洗髮乳等家庭用品去問他們，他們大概也不清楚洗髮乳裡面有哪些成分，很少有人會知道不同洗髮乳有什麼差別吧。當然，並不是說選錯洗髮乳的話就會生病，不過，洗髮乳產品隨著時間一直在進化，要是我們對洗髮乳的印象仍停留在「洗頭髮用的東西」就太可惜了。洗髮乳廠商每天都在研究洗髮乳的成分，嘗試改變各種化學物質的組合，看看能否改變髮質，使髒污不容易附著在頭髮上，讓洗髮乳額外附帶各種功能。在許多人類的化學研究中，洗髮乳就是其中一種經常被我們忽視的研究結晶。

讓我們試著透過自製洗髮乳的實驗，從分子的角度來看看洗髮乳是用什麼樣的機制發揮功能的吧！

基本實驗

01 混合後便完成。和市售產品幾乎相同的洗髮乳

☑ 準備材料

十二烷基硫酸鈉：3～5g。可以化學藥品的形式購得。

食鹽：可以的話使用氯化鈉，沒有的話廚房用的食鹽也行。

氫氧化鈉：微量即可。

植物油：橄欖油或葵花油等。

檸檬酸：只要是有機酸即可。

廁所用芳香噴霧

矽油

驗證用的頭髮：可以向理髮店索取少量剪下來的頭髮。

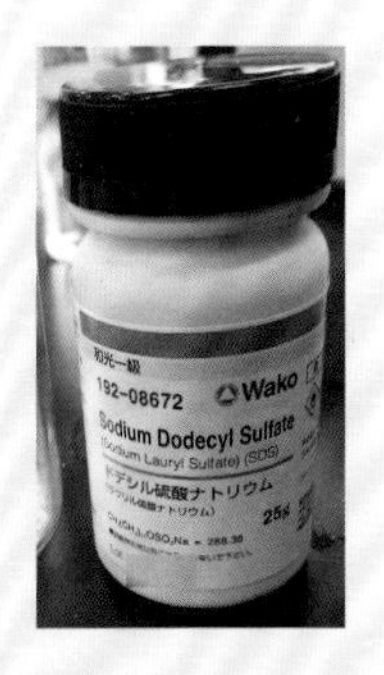

洗髮乳的主原料，
十二烷基硫酸鈉。

實驗製作出來的成品，跟一般市售品相比有很強的去油力，可能會造成皮膚發炎，故請不要把它當成一般的洗髮乳使用。

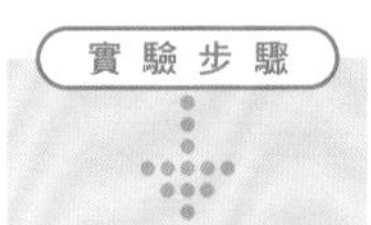

1 **將十二烷基硫酸鈉加入水中，配成約3～5%的水溶液。這個階段的產物只是有泡泡的水溶液而已。**

實驗步驟

2 噴一下廁所芳香劑至溶液內，添加香味，再加入食鹽以增加黏度，讓它慢慢有洗髮乳的質感。接著加入矽油、植物油混合，使其乳化慢慢變成白濁狀。

3 如果有超音波清洗機的話，就用超音波清洗機將其徹底混合，再加入檸檬酸之類的有機酸。

4 用準備好的頭髮測試洗髮乳的洗淨效果。

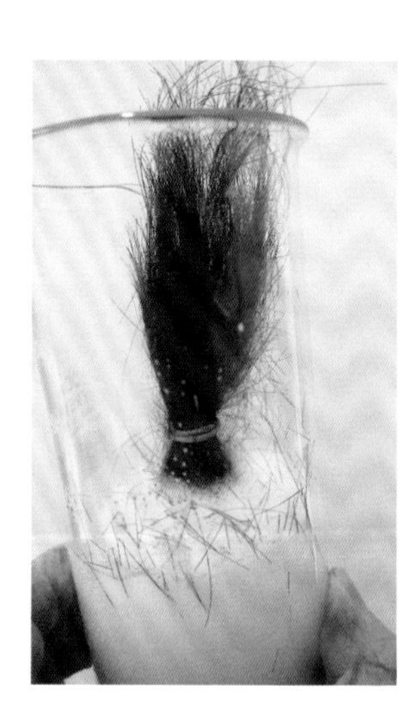

＊輕鬆製作出接近市售產品的洗髮乳

雖然本實驗用的是現在已很少使用的十二烷基硫酸鈉作為洗髮乳的清潔成分，不過最後的成品摸起來卻有著如同洗髮乳般的觸感，故這個實驗可説相當適合用來説明洗髮乳的組成。

調配洗髮乳的過程十分簡單，中間加入食鹽時，十二烷基硫酸鈉水溶液的黏度會突然增加，變成洗髮乳般的獨特質感。接著再加入矽油或植物油混合後，便會乳化、變成白濁狀的液體，看起來更像洗髮乳。可以的話，還能用超音波清洗機將其充分混合，便可得到幾乎不會油水分離的洗髮乳。接著再加入一些檸檬酸等有機酸，這麼一來用水沖掉時，就可以讓頭髮變得更加清爽。

保險起見，最好不要用自製洗髮乳來洗自己的頭髮。可以拿來洗洗看從理髮店要來的頭髮束，再試著以顯微鏡觀察前後的差別，看看洗掉了多少污垢，洗完後摸起來又是什麼樣的觸感，親自體驗自製洗髮乳的效果。

以下兩張照片是用USB顯微鏡觀察清洗前後的狀態。

清洗前

清洗後

由照片可以看出，自製洗髮乳可以將許多肉眼看不到的污垢清潔乾淨。

教育重點

＊瞭解洗髮乳、潤髮乳的組成

洗髮乳與潤髮乳的主要成分到底是什麼呢？首先，我們可以說這兩種東西都是含有界面活性劑的混合物。所謂的界面活性劑，指的是同時含有疏水端與親水端等兩種官能基之化合物的總稱，可以幫助極性物質與非極性物質混合（乳化）。在化學的世界中，「乳化」常會妨礙分離、萃取的過程，故人們通常不怎麼喜歡乳化作用發生。但界面活性劑除了幫助乳化之外，還可以防止產生靜電、可作為纖維的柔軟劑、防鏽、使溶劑均勻分布，在工業上有很多應用。而在一般家庭中，腳踏車的防鏽油、除臭劑、肥皂、洗衣精、柔軟精，還有本節所介紹的洗髮乳，都有用到界面活性劑的特性，可見其應用範圍之廣。

＊四種界面活性劑

界面活性劑大致上可以分成四種，每一種用途都不太一樣。

・陰離子界面活性劑

最有名的石化類界面活性劑，就是十二烷基硫酸鈉。不過現在的洗髮乳中，多改用含有聚乙二醇鏈、疏水端較長、分子量較大、不易滲透至皮膚內的十二烷基聚氧乙醚硫酸鈉。

大部分的產品都會以含鈉或含鉀的鹽類形式製造出來，這些鹽類釋放出鈉、鉀的陽離子時，作為界面活性劑的疏水端會帶負電，成為陰離子，故被稱為「陰離子界面活性劑」。

若以強鹼將油脂原料的脂肪酸分解、皂化，便可以製成我們熟知的肥皂。肥皂在硬水或低溫環境下的洗淨能力比較差，而且還會產生皂垢（肥皂分子與硬水中的鎂離子或鈣離子結合，形成不溶於水、沒有洗淨力的污垢）。為了解決這樣的問題，人們研發出了石化類界面活性劑。這是將高碳醇類硫酸化後，得到的烷基硫酸鹽、直鏈烷基磺酸鹽等產物。另外，最近也有廠商研發出了N-醯基-N-甲基牛磺酸鹽等胺基酸類界面活性劑。

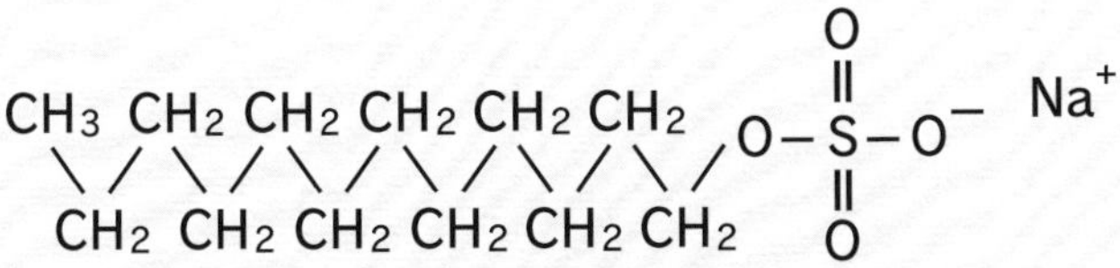

$$CH_3(CH_2)_{11}-O-\overset{O}{\underset{O}{\overset{\|}{\underset{\|}{S}}}}-O^- \quad Na^+$$

十二烷基硫酸鈉的結構式

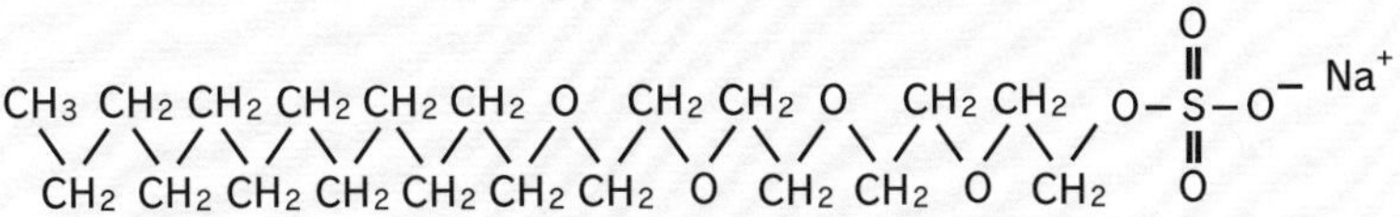

$$CH_3(CH_2)_{11}-(OCH_2CH_2)_2-O-\overset{O}{\underset{O}{\overset{\|}{\underset{\|}{S}}}}-O^- \quad Na^+$$

十二烷基聚氧乙醚硫酸鈉的結構式

·陽離子界面活性劑

用來當作逆性肥皂與殺菌肥皂而為人所知的界面活性劑。與陰離子界面活性劑相反，陽離子界面活性劑溶於水時會釋放出氫離子，而擁有疏水端的部分則會在解離後帶正電，成為界面活性劑的本體。由於界面活性劑本體帶的電性與肥皂不同，故也被稱為「逆性肥皂」。日本實驗室中常看到的苯扎氯銨消毒液，就是逆性肥皂的一種。

除了用來當作消毒清潔劑之外，逆性肥皂還有很多用途。譬如說許多潤髮乳就是由陽離子界面活性劑組成，可以中和因陰離子界面活性劑產生的電荷不均情形，並將過度清除的油脂補回去，這就是潤髮乳的功用。

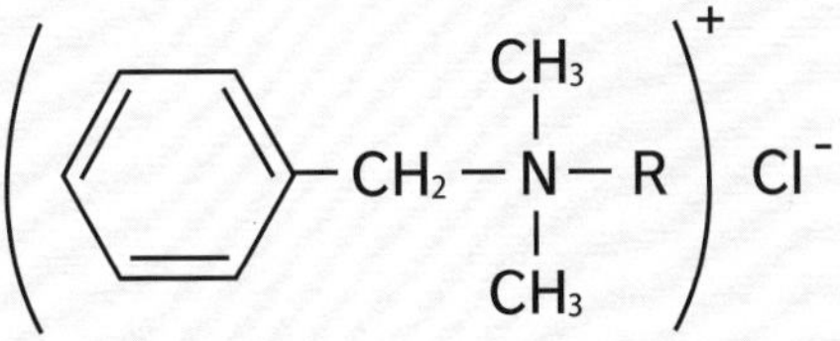

$$\left(C_6H_5-CH_2-\overset{CH_3}{\underset{CH_3}{\overset{|}{\underset{|}{N}}}}-R \right)^+ Cl^-$$

苯扎氯銨的結構式

·兩性離子界面活性劑

最近流行的高級洗髮乳中，一定含有這種成分。這種產品不管是溶解在酸性環境中還是鹼性環境中，都會表現出界面活性劑的性質，故稱為兩性離子界面活性劑。常見的種類如低碳羧酸類、胺基酸類、甜菜鹼（betaine）類等。近年來，少數高級洗髮乳會特別標註它們的產品內含有這類界面活性劑，雖然洗淨力比較差，但因刺激性比較低而廣受好評。

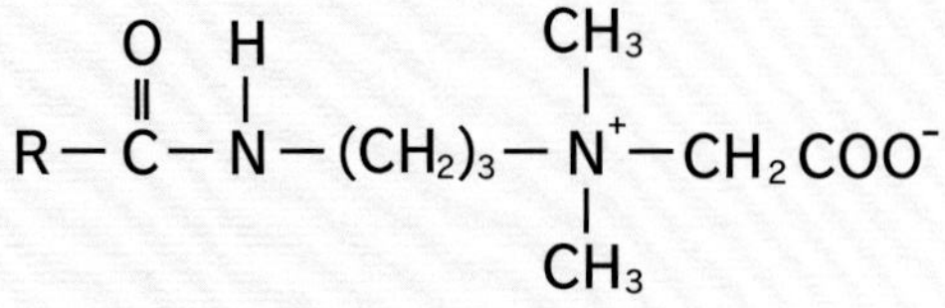

$$R-\overset{\overset{\displaystyle O}{\|}}{C}-\overset{\overset{\displaystyle H}{|}}{N}-(CH_2)_3-\overset{\overset{\displaystyle CH_3}{|}}{\underset{\underset{\displaystyle CH_3}{|}}{N^+}}-CH_2COO^-$$

椰油醯胺丙基甜菜鹼的結構式

·非離子界面活性劑

聚山梨醇酯80（吐溫80）等去水山梨醇脂肪酸酯類的界面活性劑，常以各種形式存在於生活中的各種食品內。這類分子即使溶解在水中也不會離子化，可以同時保有親水端和疏水端，故不易受硬水中的金屬離子或pH的影響，可以說是界面活性劑中最新的領域。

由甘油、山梨醇、葡萄糖等分子與脂肪酸結合而成的酯類常被用在食品上，譬如植物性鮮奶油等乳化劑，以及某些化妝品、不傷手的清潔劑等，皆屬於這類界面活性劑。不過，這類分子的適用溫度範圍較狹窄，若溫度在這個範圍以外，乳化效果就會明顯下降，不容易產生氣泡，故使用範圍較侷限。

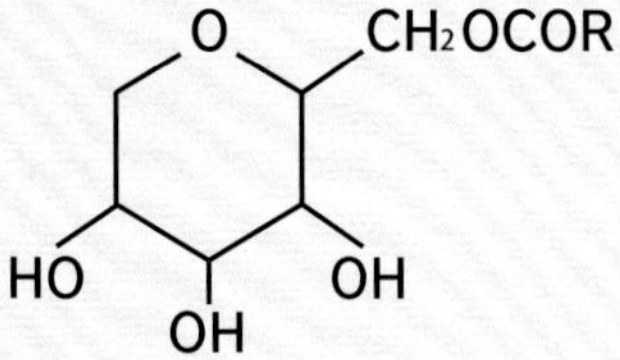

O　CH_2OCOR

HO　OH

OH

去水山梨醇脂肪酸酯類的結構式

*頭髮的結構

用洗髮乳洗頭髮，再用潤髮乳保養頭髮，這對我們來說是再平常不過的事。在這個過程中，前面說明過的界面活性劑扮演了什麼樣的角色呢？為什麼我們不能直接用肥皂搓洗頭髮呢？

首先，讓我們介紹一下頭髮的結構吧。簡單來說，頭髮由三層結構組成，由外到內分別是表皮層（cuticle）、皮質層（cortex）、髓質層（medulla）。之所以叫做cuticle，是因為表皮層看起來就像樹木的鱗片狀樹皮一樣包覆著頭髮，而且不同的人種或動物，表皮層的形狀也不一樣。

皮質層是頭髮的本體，外側纖維狀的角蛋白組織，固定著內部排列成雪茄狀的死亡細胞組織。這樣的結構使頭髮容易縱向撕裂，但不容易橫向斷裂。

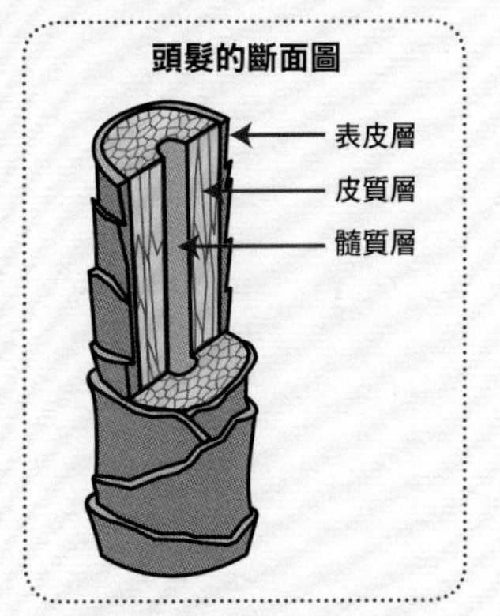

而毛髮的顏色大多取決於皮質層的黑色素含量。染髮時，會先用強鹼藥劑打開表皮層，使藥劑染到皮質層內，再用第二種藥劑產生化學反應，使顏色固定下來。

最內部的髓質層位於頭髮的軸心，是含有空氣的海綿層，其粗細隨著不同人種而有很大的差異。髓質層較粗的人，頭髮內的空氣含量較多，頭髮較輕、皮質層較薄，故比較容易染上顏色，卻也比較容易受損。相反的，幾乎沒有髓質層的頭髮會比較重，不容易染上顏色，頭髮卻比較堅韌。

順帶一提，毛髮也有一定的保溫功能。如果頭髮內的空氣比較多的話，會有比較好的保溫效果。

＊從化學的角度分析洗髮乳與潤髮乳的運作機制

那麼，接著就讓我們從頭髮的結構出發，說明洗髮乳與潤髮乳的運作機制吧！

洗髮乳的目的是洗去頭皮分泌的皮脂（這也是老人味等體味的來源）、污垢。頭髮上的污垢大多是帶有油脂的灰塵，界面活性劑可以包覆住這些污垢，形成微胞（micelle），這麼一來便可用水輕鬆沖掉。

實際以陰離子界面活性劑清洗時，鱗片狀的表皮層會因為界面活性劑分子的附著而帶負電，因負電荷彼此排斥，故會呈現像是打開的松果般的狀態。當我們用肥皂洗完頭髮後，之所以會有粗糙乾澀的感覺，就是因為肥皂分子讓表皮層一直保持張開的狀態。

構成頭髮的角蛋白的肽鍵，最適合的pH環境是4～5。為了使頭髮的pH回到這個數值，我們會使用潤髮乳，讓其中的酸性成分釋放出氫離子，中和頭髮的pH值，使靜電荷回歸平衡，讓張開的表皮層收回去，恢復成頭髮原本的觸感……這就是潤髮乳的運作機制。另外，洗髮乳會洗去過多油脂，為了補回這些油脂，有些潤髮乳還會加入矽油或植物油等成分。

如果用肥皂洗完之後放著不管，讓表皮層一直保持張開狀態的話，肥皂與自來水內的礦物質結合而成的皂垢就會卡在張開狀態的表皮層上，反而更容易吸附髒污，用肥皂就更難將髒污洗掉……若這種惡性循環持續下去，頭髮會更容易損傷。因此，洗頭髮的時候除了使用洗髮乳之外，最好也要用潤髮乳，才能保護髮質。

＊界面活性劑與刺激性

洗髮乳對一般人來說雖然是必需品，卻很少有化學書籍認真說明它的成分與作用。正確的資訊沒有被傳播開來，反而使社會上流傳著許多都市傳說。特別是網路和女性雜誌，還把這類都市傳說講得煞有其事，發明了「經皮毒」這個字，拿來當作多層次傳銷的用語，真的讓人很看不下去。確實，許多界面活性劑對皮膚有刺激性，但有些都市傳說誇張到說某些成分會致癌、會進入血液中，還會沉澱在臟器內。一般界面活性劑當然不存在這種成分。有些資料說某些刺激性的界面活性劑在接觸到皮膚之後，會慢慢滲透進皮膚，還會引起皮膚潰爛。但這也只是由少數與清洗身體無關的動物實驗所得到的實驗資料而已。

得到這些資料的實驗，幾乎都是在未稀釋的情況下直接將界面活性劑塗在動物的皮膚表面。但人類實際使用的洗髮乳卻只含有數%的界面活性劑，而且使用時還會進一步加水稀釋。所以拿這些實驗和實際使用的情形相比，根本毫無參考價值。

雖說如此，部分界面活性劑的去油力確實有過高的可能。若這些界面活性劑洗去皮膚上過多的油脂，可能會破壞皮膚的平衡，使皮膚變得粗糙。如果每天用洗碗精洗碗的話，手就會變得很粗糙，原因也是如此。

當然，市面上販售的洗髮乳在製造時，會盡可能降低導致發炎的成分含量，使其在正常使用、正常清洗的情況下不至於出現問題。然而，有些較便宜的產品確實含有較多這些成分。因此，若想知道哪些產品適合自己的頭髮或頭皮，還是要依照自己的年齡與膚質，一一試過各種產品比較好。

特別是超過三十歲之後，皮脂的分泌會變得比較少，如果不是每天都需要重度勞動、每天都汗流浹背的話，最好使用含有胺基酸類的界面活性劑，這種洗髮乳的刺激性較小，對頭皮和頭髮較溫和。只要尋找成分名稱內含有牛磺酸（taurine）或麩胺酸（glutamic acid）的產品就可以了，很好判斷。

＊如何避免頭皮問題

讓我們再詳細說明關於界面活性劑的刺激性吧。當界面活性劑與油脂結合時，刺激性確實比較低，但如果量太多的話，還是有可能使其刺激性變高、接近於單體狀態的界面活性劑分子。當界面活性劑的濃度過高時，或者是沒沖洗乾淨的話，便容易引起皮膚發炎。

後來人們研發出了兩性離子界面活性劑。兩性離子界面活性劑不會微胞化，而是在水溶液內自由飄蕩，刺激性也比較低。兩性離子界面活性劑大多為胺基酸類界面活性劑，其對皮膚刺激性較強的陰離子端，會一定程度地與其他分子糾纏在一起，故可抑制陰離子對皮膚的刺激。雖然兩性離子界面活性劑的洗淨能力比陰離子界面活性劑差了一些，但皮膚較敏感的人在使用兩性離子界面活性劑時，即使增加清洗的次數，也不大容易出現皮膚發炎的情況。

挑選潤髮乳的時候，如果可以就洗髮乳的界面活性劑種類，選擇與之配對的潤髮乳的話，便可以避免掉不少頭皮問題。特別是在使用陰離子界面活性劑的洗髮乳之後，如果還使用以陰離子界面活性劑為基調的潤髮乳的話，會使頭髮表皮層一直維持著打開的狀態而毛毛躁躁的，讓使用者懷疑潤髮乳是不是沒有效。另一方面，如果用的是兩性離子界面活性劑的洗髮乳，那麼用哪種潤髮乳都沒關係，只要依照髮質選擇適合的產品，基本上就不會有什麼問題了。

雖說某些種類的界面活性劑刺激性比較低，但長時間接觸皮膚仍不是件好事，搓洗掉污垢後請用水盡可能沖乾淨，沖再多水都沒關係。光是如此大部分由洗髮乳與潤髮乳造成的頭皮問題都可以解決。

＊ 讓頭髮變得更加閃閃動人！潤髮乳的密技

像這樣從分子層次來思考洗髮乳的功能時，可以想出一種能輕鬆改善髮質的方法。近年來，在設計師之間流傳著一種祕方，那就是在潤髮乳內混合了蜂蜜或砂糖再拿來使用。因為水溶液中的醣類小分子會穿過頭髮的表皮層，進入皮質層，而醣類又有著相當良好的保濕效果，所以可以讓頭髮呈現出比平常更加濕潤的質感，看起來閃閃動人。

然而，蜂蜜雖然含有單醣與各種礦物質，卻也因為含有大量的鈣與鎂，而有生成大量皂垢般物質的可能性。由於參與作用的是果糖、葡萄糖、麥芽糖等醣類，所以應該可以用含有大量果糖、葡萄糖的高果糖糖漿代替才對。於是我找了許多女性朋友協助我一起做了個實驗。

方法很簡單，只要將泡咖啡用的一顆糖漿加入潤髮乳內，充分混合後再使用即可。不管頭髮有多長，只要將一顆糖漿和等量的潤髮乳混合後塗抹在頭髮上，過一段時間後再用水沖洗乾淨就行了。結果發現，加了糖漿的潤髮乳比蜂蜜或砂糖的保濕效果更好，雖然用吹風機吹乾頭髮時需要花更長的時間，不過只要用過一次加了糖漿的潤髮乳，接下來的四五天內即使只用一般的潤髮乳，也能持續保持著濕潤感，頭髮非常好整理。

不過，如果你的頭髮髓質層比較細、髮質原本就比較重的話，這種加了糖漿的潤髮乳可能會讓你的頭髮變得太重而難以整理，並不是萬能的配方。雖説如此，這個配方還是能滿足多數人的需求，相當受到好評。

由美麗的三層液體學習溶劑、極性、比重

難易度 ★★★☆☆

對應的教學大綱 中學理科／物質的溶解

實驗主題

水和油為什麼不會互溶呢？這實在太理所當然了，真要說明起來反而沒那麼容易。讓我們透過混合溶液這種簡單的實驗，學習這個科學中的基礎原理吧！

該怎麼說明
水和油的差別呢？

我們經常可以在餐桌上看到用水和油混合而成的「沙拉醬」，不過如果突然要我們說明為什麼兩者不會互溶，大概也沒那麼簡單吧。說到沙拉醬，雖然「像奶油般濃稠的沙拉醬要如何製作？」或者「沙拉醬的味道」也是一門很有趣的學問，不過這裡我們關注的是僅由水和油組成的簡單沙拉醬（注：類似和風沙拉醬）。

沙拉醬是溶有油和醋（或者是檸檬汁等）的水，也就是將油層與水層充分混合後，淋在生菜上食用的東西。

為什麼不管怎麼攪拌，沙拉醬的水和油都不會完全互溶呢？

真說起來，油和水又差在哪裡呢？

為什麼油會比水還要輕呢？

為這種單純至極的問題提供聰明的答案，不也是科學的一環嗎？

這次的實驗中，我們還會談到物質的比重（密度），並利用不同比重的物質來改造水鐘（像沙漏般，讓液體在密閉容器中一滴一滴落下的化學玩具）。另外還會介紹可以讓彈珠浮在上面的液體。如果這些實驗能夠提供教師們作為參考，讓更多人愛上科學就太棒了。

基本實驗

01 三色三層液體

準備材料

食用色素：超市內販賣的食用色素即可。這次用的是食用藍色一號。

煤油：盡可能使用無色的新煤油，比較容易觀察。如果不喜歡它的氣味的話，可以在通風櫃內操作實驗。

二氯甲烷：很常見的化學藥劑。另外，大型居家用品店也會以壓克力接著劑的名稱販賣。

相當普通的油性筆。

油性筆：用來為試劑染色。

適當的附蓋小瓶子

請在通風良好的地方進行實驗。眼睛和皮膚接觸到二氯甲烷的話會發炎，要是不小心跑進眼睛的話，請不要揉眼睛，要用大量清水沖洗；要是皮膚接觸到的話請用中性清潔劑與溫水仔細清洗。

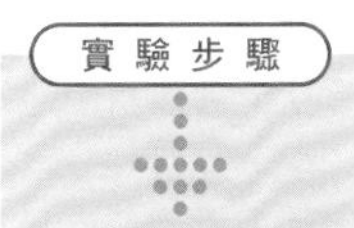

1 用食用色素為水染色，用油性筆為兩種有機溶劑染上不同顏色。將油性筆拆開，如照片般將墨水溶入溶劑內即可。

2 依序將二氯甲烷、水、煤油等液體倒入瓶子內。夾住水的上下兩層有機溶劑容易互溶，請慢慢倒入。

＊分成三層的原因

說到比水輕的有機溶劑（比重小於1），除了會想到沙拉油以外，還有環己烷（0.779）、甲苯（0.867）等液體。另外，有一些有機溶劑的比重比水還要大，像是二氯甲烷（1.326）、三氯甲烷（1.489）等。也就是說只要將這兩類溶劑染色後夾住水，就能輕鬆製作出分成三層的液體。

一般人可能很常看到沙拉醬之類分成兩層的液體，但應該很少看到分成三層以上的液體，所以看到這裡的三層液體時應該會覺得很新鮮才對。不過，如果液體都是透明的話，便難以直接用肉眼辨認，故這個實驗中我們將液體染成不同的顏色，這樣也能增加實驗的趣味。

實驗本身非常簡單，只要把各種液體染上顏色，再依照比重大小緩緩倒入即可。

染色時使用的油性筆顏料相當容易溶於有機溶劑，因此我們只要將油性筆拆開，將墨水加入溶劑內，就可以順利為其染上顏色。這時還可以將水和溶劑一起加入攪拌，有些顏料會因此而氧化，呈現出更漂亮的顏色。

至於水，只要用食用色素即可輕鬆染上顏色。夾住水的上下兩層有機溶劑要是碰在一起的話會互溶，故請將液體緩緩倒入瓶內，注意不要讓它們混在一起。

另外，如果將大量砂糖或溴化銫之類的大比重鹽類溶於水中的話，也可以讓水的比重變得比三氯甲烷還要重。也就是說，依照原理我們可以將這種水第一個加進去，再依序加入二氯甲烷、普通的水、煤油，做成四層的液體。

順利的話，就算傾斜瓶子，裡面的液體也不會混在一起。

基本實驗

02 浮在液面上的彈珠!?

準備材料

彈珠、適當的附蓋小瓶子

四溴乙烷：因為是化學藥品，請透過學校等機構訂購。除了這個實驗之外也能用在很多實驗上，先買起來放著也沒關係。

四溴乙烷的毒性弱，但仍屬於毒性物質，取用時請帶上手套，並在通風良好處進行實驗。

實驗步驟

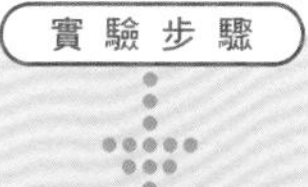

1 在容器內倒入四溴乙烷，再倒入水，然後把彈珠放進去。

2 為了方便觀察，可以將其拿到黑光燈下看（照片中的彈珠是由鈾玻璃製成，故會發出螢光）。

＊比玻璃還要重的液體

前面提到的三氯甲烷比重為1.489，已經是相當重的液體了，不過還有比這更重的液體，那就是四溴乙烷，其比重高達2.967，遠遠勝過三氯甲烷。大部分鈉鈣玻璃的密度約為2.5左右，比四溴乙烷還要小，故彈珠等玻璃製品或一般造景用石頭都會浮在四溴乙烷上。過去人們曾利用四溴乙烷那大得不可思議的比重，從砂中淘選出黃金等貴重金屬，這又稱為「比重選礦法」。

這就是我們把彈珠丟入裝有四溴乙烷和水的容器內，會看到彈珠浮在四溴乙烷上滾來滾去的原因。

延伸實驗

03 反著跑的水鐘

準備材料

水鐘：選擇較大的水鐘。因為要用電鑽開洞，要是太小的話會很難加工。

溶劑的染料：蘇丹三號（1-{[4-(phenylazo)phenyl]azo}-2-naphthalenol）。

水的染料：食用藍色一號（Brilliant Blue FCF）。

四溴乙烷：與02實驗用的四溴乙烷相同。

二氯甲烷：用來黏合壓克力。

Araldite強力膠：用來補強黏合。

細壓克力棒：約2～3mm粗的細壓克力棒。

滴管或注射器：建議使用大型居家用品店販賣，用來計算農藥使用量的聚乙烯製注射筒，才不容易被溶劑侵蝕。請不要使用橡膠製的注射器。

電鑽：建議使用比壓克力棒還要細0.1mm的電鑽頭。

水鐘。

水鐘內的液體大多是純度不高的液體石蠟與染色的水，故可用報紙之類的廢紙吸收後丟入可燃垃圾。另外，因為四溴乙烷會溶解塑膠容器，故成品無法長期保存。

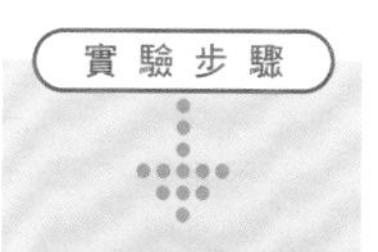

1 用電鑽在水鐘上開一個洞。

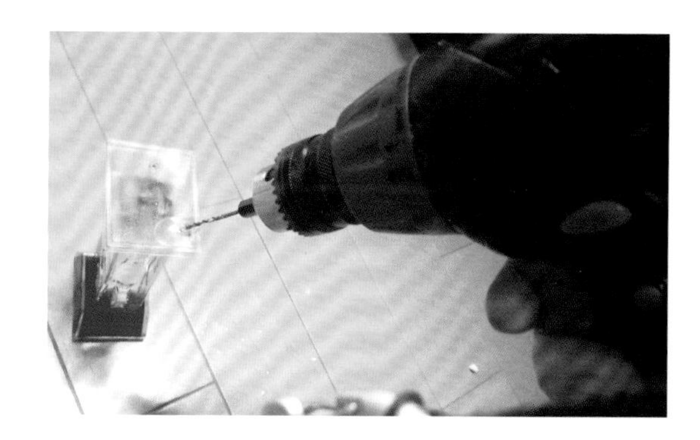

2 丟掉裡面的液體，再用滴管或注射器將有顏色的水和四溴乙烷加入水鐘內。

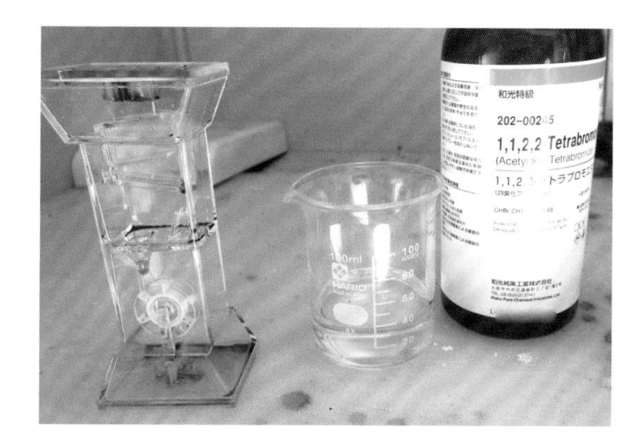

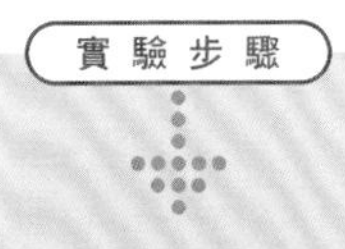

3 切下短短一根壓克力棒，沾上二氯甲烷後塞住水鐘的洞。

4 逆向水鐘完成。可以看到水鐘內帶有顏色的液體正慢慢往上跑。

5 還可以用蘇丹三號（或紅色油性筆）為四溴乙烷染色，做成紅與藍，兩種顏色的逆向水鐘。

＊CP值高，視覺效果也很好的實驗

最近在生活百貨常可看到液體版的沙漏，也就是善用水和油的性質製作而成的水鐘，相當適合用來當作簡單實驗的材料。我們可以將其稍加改造，讓它從慢慢滴落的水鐘轉變成慢慢浮升的水鐘。要注意的是，與二氯甲烷不同，四溴乙烷會逐漸溶解塑膠容器（壓克力或苯乙烯），故這種水鐘沒有辦法長期保存。

另外，雖然四溴乙烷對人體稍微有害，但只要將四溴乙烷和水加在一起，水層就會像蓋子一樣擋住四溴乙烷。故只要換個容器，就可以做出如右方照片般的飾品。

＊為了真正理解什麼是「液體」

這個實驗雖然簡單，卻包含了液體的極性與比重、溶質溶劑的性質等項目，內容相當豐富。而且視覺效果很好，應該能引起學生們對化學的興趣。

首先，水和油有什麼差別呢？國、高中時會學到「親水／疏水」等用詞，但頂多只會講到某些溶質會溶於水或者被水排斥，進而將液體區分為「水和油」兩種。想必學生們聽完這些敘述後，應該還是一知半解吧。在這裡，讓我們從「液體」可分為「有極性／無極性」這點開始說起。

＊什麼是「有極性」？

這世上的液體可分為很多種，不同液體有著很不一樣的性質。除了水之外，酒中的乙醇、去光水中使用的丙酮、油漆溶劑中使用的甲苯……這些液體分別有不同程度的「極性」。

水的分子式為H_2O，由一個氧原子與兩個氫原子所組成。氧是電負度很高的元素，原子的電負度表示該原子吸引電子的力量大小。氧原子有較強的電負度，會將兩個氫原子的電子吸過去，使氧原子端傾向負電荷。

像這種由電荷不平均的分子所組成的液體，就稱為「極性溶劑」（這裡請讓我暫且略過質子極性溶劑與非質子極性溶劑差在哪裡的說明）。

相對於此，苯、三氯甲烷、二氯甲烷等溶劑的分子結構中，正電荷與負電荷達成平衡，故電荷的分布不會偏向任何一邊（或者說偏離的程度很小）。

換言之這種溶劑沒有極性，故被稱為「非極性溶劑」。

液體分子的電荷分布是否偏向一邊，可以說就是「水和油」的根本差異。

＊可溶解／不可溶解的真正意義

再來，可溶於這些溶劑，或者不可溶於這些溶劑，又代表著什麼意義呢？

水可以溶解多種離子結晶。離子結晶指的是溶解在水中時會離子化的固體，多數的金屬鹽類，包括我們經常看到的食鹽（NaCl）皆屬之。

食鹽（NaCl）溶於水中這種在我們看來理所當然的事……從原子的層次來看時，究竟又是怎麼一回事呢？

剛才我們提到，水分子的氧原子會傾向帶有負電荷，而同時氫原子則傾向帶有正電荷。另一方面，NaCl則會分為Na^+（鈉離子）和Cl^-（氯離子）這兩種離子。

這兩種離子分別會被水分子帶正電的部分和帶負電的部分包圍

起來。這種狀態就叫做「離子化」，而從外面看起來，就像是「溶解在水中」一樣。

當然，有些分子不用離子化，也可以直接溶於水中。雖然食鹽需要離子化才可以溶解，但砂糖的分子卻可以直接被水分子包圍而溶於水中。

要知道物質可溶解或不可溶解，取決於其分子的電荷是否有偏向一邊。非極性物質可以輕鬆溶於非極性溶劑內，而極性物質則可輕鬆溶於極性溶劑內。就是這麼回事。

當然，有些分子同時包含了這兩種性質，它們可以溶解在極性溶劑中，也可以溶解在非極性溶劑中，但在這兩種溶劑內的溶解難度有所不同，所以溶解量也有所差異。

*液體的比重

最後要介紹的是，本實驗中最重要的液體比重。

比重是以密度為1g/cm^{3}的水（一大氣壓下4℃的水）作為標準，設其為1，而各種物質的比重則代表每1cm^3（立方公分）該物質的重量是水的幾倍。比重和密度在地球的重力下意思相同，不過比重是用來表示物質「浮於水面或沉在水底」時所使用的詞，比較少用在與水無關的地方。

油之所以會浮在水面上，是因為多數植物油的比重為0.9左右，比水還要輕，所以會浮在水面上。不過氟素油（例：氟碳化合物（fluorocarbon））的比重為1.7（25℃），會沉到水底下。

本實驗提到的四溴乙烷擁有高達2.9的比重，比鋁（2.7）、石英（2.6）還要高，所以把彈珠或1日圓硬幣丟進去，它們會浮在液面上（四溴乙烷和鋁在日光下會產生危險的化學反應，故不建議真的把1日圓硬幣丟進去）。

相反的，比重比這個數字大的金屬，譬如說比重為8的銅和比重為10的銀，當然就會沉入四溴乙烷。過去，有些工廠會用這類比重較大的液體進行比重選礦，淘選出含有稀有金屬的重砂以及黃金（現在則幾乎都是用機械方式進行篩選分類）。

測試防腐劑的防腐能力

難易度 ★★★☆☆

對應的教學大綱 科學與人類生活／物質的科學

化學基礎／化學與人類生活的關係

實驗主題

防腐劑對現代的飲食生活做出了莫大貢獻。本節將試著說明防腐劑是由哪些成分組成，這些成分是否安全，以及ADI（每日容許攝取量）與毒性的意義。

暗中支撐著我們飲食生活的必需品！食品防腐劑

提到「防腐劑」這個名字，想必會讓很多人眉頭一皺。如果是用在食品上的「食品防腐劑」的話，給人的印象就更差了。或許某些比較神經質的人在選購食品時，只要看到食品成分中標有「防腐劑」，就會再找找看有沒有沒添加防腐劑的類似商品。

防腐劑顧名思義，就是防止食物腐爛（使食物不容易壞掉）的藥劑。看到食物內含有這些藥劑時，人們會懷疑這些食物是不是被加了什麼奇怪的藥品，並覺得這違反自然而不太舒服。我也能理解這種感覺。

不過，如果各位的思路沒有在此打住，試著繼續冷靜思考下去的話，其實防腐劑就只是一種添加物而已。而之所以要加入添加物，是因為這麼做可以產生某些好處。再怎麼說，添加物也是要錢的，要是加了沒好處的話，製造商為了降低成本，絕對不會想加進去。

那麼，為什麼需要加入防腐劑呢？如果是家中自己製作的食物，最多只會放到隔天晚上，這樣的話只要放冰箱就行了，不需要加防腐劑。不過，對衛生要求程度是家庭數倍以上的食品工廠來說（日本食品工廠的審查標準極為嚴格），就不是這麼一回事了。我們可以想像得到，在消費者購買這些食品之後，吃完前可能會放在車上，或者是吃到一半就這麼放著半天，草率地對待這些食品。這些食品只要稍微放一下，或者被太陽稍微照一下，就有可能變質而引發食物中毒！！……要是因此而引來客戶投訴的話，會變得相當麻煩。不過，如果稍微加一些食品添加物就能防止食物變質，讓消費者吃得安心又不會有任何不良影響，那也不是件壞事。所以廠商才會使用防腐劑。

那麼，接著就讓我們來做個實驗，看看防腐劑實際上可以發揮出什麼樣的功能吧！

基本實驗

01 防腐劑可以「防腐」到什麼程度呢？

準備材料

甘胺酸 2g：在網路商店上搜尋「甘胺酸 1kg」的話，應該可找到食品添加物用的甘胺酸。當作營養品販賣的產品價格比較高，請試著找找看1kg 在500元以下的產品。

米 2合（360ml）

電子鍋、培養箱、培養皿 2個

實驗步驟

1. 在1合米內加入1g的甘胺酸，當作A組；1合米不加任何東西，當作B組。將這兩組米以相同條件煮熟。

2. 煮熟以後，分別放入培養皿內，於37℃的環境下靜置一週。

3. 經過一週後，比較兩組米飯的狀況。添加了甘胺酸的A組雖然有一些發酵後的臭味，不過外觀看起來並沒有太大的變化。另一方面，什麼都沒加的B組則有許多細菌與真菌繁殖，並飄出了腐敗的臭味。

A（添加甘胺酸）

B（未添加任何東西）

＊甘胺酸的力量

現在只要透過網路，就可以在線上商店買到山梨酸鉀或甘胺酸等食品添加物。若能在廚房妥善運用這些食品添加物，不只能減少廢棄食材，還能夠預防季節性的食物中毒。一般人通常會希望盡量不要在自家調理出來的食物中加入任何食品添加物，這個想法當然沒錯，但許多調味料本身就已經含有防腐劑了，就算什麼都不加，我們也會從這些調味料吃進不少食品添加物。既然如此，不如在合理的範圍內妥善使用這些東西，保持食物的味道，並使食物不容易腐敗，這樣不是很好嗎？

這次實驗中所使用的甘胺酸，是最單純的胺基酸。和砂糖相比，甘胺酸有著淡淡的甘甜味。燉肉的時候，除了砂糖和味醂之外，也可以加入甘胺酸為食品增添甘甜味，讓家庭料理的味道提升至另一個層次。

神奇的是，這種單純的胺基酸擁有抑制細菌芽孢發育的作用，在曾滅過菌的環境下，可以抑制細菌的增殖，故廣為人們使用（＊1）。不過，如果要達到靜菌效果的話，須加入的甘胺酸重量應為整體食物重量的0.5～1%，這會讓食物的味道產生一些偏差（市售便當的醬料會有一種奇怪的甜味，可能就是因為加了甘胺酸）。

如果想在煮飯的時候添加甘胺酸，1合米大約只需加1g左右即可（2～3合米的話則加入1小匙），這樣不僅可以讓米飯有自然的甘甜味，還可以讓米飯不易腐壞。特別是梅雨季節或炎熱夏天時，即使忘了把食物冰到冰箱內，也不容易腐壞（當然，並不是說一定不會壞掉）或發臭，可說是一石二鳥的方法。

教育重點

＊什麼是防腐劑？

那麼，具體來說，防腐劑到底包含了哪些化學物質呢？

依照日本食品添加物的分類方式，防腐劑可分為以下四大類。不過，在食品標示中一律都會寫成「防腐劑」，所以通常我們也不曉得到底是加了什麼東西。以下是最常見的幾種防腐劑。

1）**有機酸與其鹽類**：醋酸、乳酸、苯甲酸、山梨酸等
2）**有機酸的酯類**：對羥基苯甲酸酯類
3）**植物成分抽出物或分解物**：檜木醇、安息香木抽出液等
4）**動物性蛋白質**：魚精蛋白抽出物、聚離胺酸等

1）有機酸與其鹽類

說到有防腐效果的代表性有機酸，我們生活中最熟悉的莫過於醋酸和乳酸了。在醋漬料理與日本酒的釀造過程中，這兩種有機酸扮演著很重要的角色。除此之外，食品工業中還有兩種很重要的有機酸添加物。

一種是苯甲酸（安息香酸）。它的化學結構很簡單，就是苯環再接上一個羧基，是一種有著酸苦味道的有機酸。它的靜菌效果相當高，且在許多實驗中都證實了它的安全性。苯甲酸進入人體後，大部分不會被代謝而是直接排出，一部分則會與甘胺酸或葡萄糖醛酸結合後，由尿液排出。

WHO最早在1974年公布了（＊2）苯甲酸的每日容許攝取量（ADI）為0～5mg/kg。自此之後雖然做過許多實驗檢驗、研究，這個數字卻一直都沒有改變。換言之，只要嚴守使用量在這個範圍內，對人體就是安全的。

另一種則是山梨酸。天然植物中的花楸果實不容易腐敗，人們分析後發現了山梨酸這種成分。成熟後的花楸果實即使放上一段時間，鳥吃了也不會有事。山梨酸對黴菌、酵母菌等真菌，乃至好氧細菌都有很好的靜菌效果，故常被當成各種食品的防腐劑使用。

細菌會把山梨酸錯當成乳酸，當作營養源攝取進細胞內，卻無法代謝山梨酸，故山梨酸會在細菌內逐漸累積，使細菌無法正常攝取其他營養而死亡。對真菌與細菌來說，山梨酸是相當有效的防腐劑。

山梨酸對人體內的任何一種臟器都沒有害處，故基本上可把它當成無毒物質。當然，我們的體內有腸內細菌等共生細菌，而山梨酸會對部分腸內細菌造成負面影響，不過考慮到腸內細菌的總量，山梨酸造成的影響僅在誤差範圍內，不會造成太大的問題。

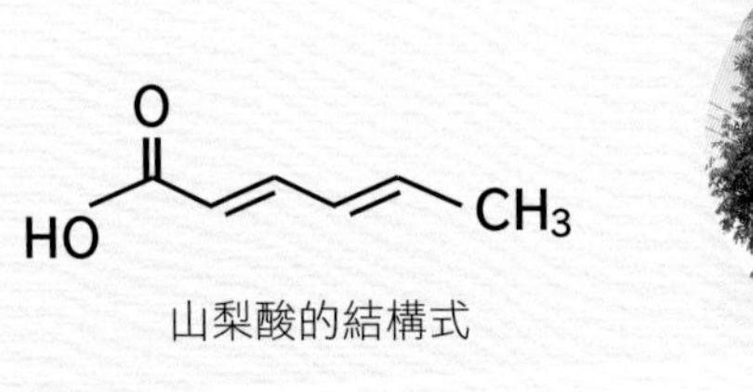

山梨酸的結構式

花楸

為了不影響pH值，這兩種酸通常會以鉀鹽或鈉鹽的形式添加至食物內，效果並不會有很大的變化。

當然，與其他的食品添加物一樣，國際組織也有訂出它們的安全攝取量，也就是ADI應該是多少。

2）有機酸的酯類

再來是有機酸的酯類。這類防腐劑中，最常看到的應該是對羥基苯甲酸酯類。在日本會以其化學名稱para-hydroxybenzonate的縮寫「paraben」來稱呼這種物質。

人們知道了苯甲酸的靜菌、防腐效果之後，想知道有沒有辦法製造出類似功能的分子，使其不只能用於水溶性，也能用於脂溶性的物質上。而在一連串的嘗試錯誤後，便得到了對羥基苯甲酸酯類（不過部分種類的分子是水溶性）。

不過由於這種分子是酯類，而人類體內的細胞表層是由類似卵磷脂的油脂類分子組成，故酯類分子能以化學的方式輕鬆通過這層細胞的防壁。這麼一來這些分子多少會進入細胞內，而可能對細胞造成不良影響。

當然人們進行了許多次實驗，這類食品添加物的容許添加量也訂定得相當低。即使如此，在經過多次檢驗，發現會對人體造成影響後，這類食品添加物便從安全名單上除名，各國也跟進限制或禁止這類添加物的使用。

1973年時，研究證實對羥基苯甲酸丙酯對公大鼠的生殖器有不良影響，於是對羥基苯甲酸甲酯、對羥基苯甲酸乙酯、對羥基苯甲酸丙酯等三種酯類被禁止用於食品添加物。現在能當作食品添加物使用的只有對羥基苯甲酸異丁酯、對羥基苯甲酸異丙酯、對羥基苯甲酸丁酯等物質。

最重要的是，不管是哪種被禁止使用的食品添加物，都是因為在動物實驗中發現其危險性才被禁止的，而不是因為有人在吃了添加這些東西的食物後出事。所以，稱這些食品添加物「很危險」不僅有些過頭，也沒什麼邏輯性。

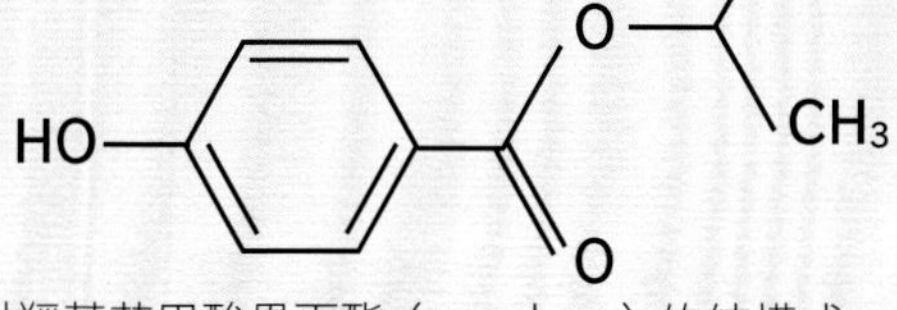

對羥基苯甲酸異丙酯（paraben）的結構式

3）植物成分抽出物或分解物

就算實驗證實對人體很安全，但只要聽到食品內加了「苯甲酸什麼什麼酯」之類名字很怪的東西，往往會讓消費者覺得很不舒服。或許是因為這樣，市面上才出現了來自天然成分的防腐劑。

這些防腐劑大多來自植物。檜木等樹木的抗菌作用廣為人知，自古以來就被當成浴盆、保存衣物的衣櫥的材料。經研究後，人們找出了特定的抗菌成分，並用萃取或合成的方式製造出相關抗菌產品。

其中最常用的包括來自檜木的檜木醇（Thujaplicin）、來自野茉莉科的安息香木（Styrax benzoin）抽出液（含有大量類似苯甲酸的物質），或稱野茉莉抽出液等。

當然，並不會因為這些物質來自植物就能讓人安心（可能還有過敏的問題）。不過因為這些物質大多本來就有獨特的香氣，故可用來作為抗菌、靜菌劑的素材。

4）動物性蛋白質

最後要談的是動物性防腐劑，這類防腐劑包括魚精蛋白抽出物（milt protein）和聚離胺酸（Polylysine）。聚離胺酸如其名所示，是由屬於必需胺基酸的離胺酸聚合後形成的聚合物。我們可藉由某種放線菌製造出聚離胺酸，再將其萃取出來使用。

至於魚精蛋白抽出物，則是魚類精巢內的某種抗菌成分，近年來常被用在各種魚漿製品上。魚類會將卵與精子直接釋放至水中使其受精，而精液中的抗菌成分可以保護卵在受精時不會被水中的雜菌破壞。魚精蛋白抽出物就含有這種抗菌成分。

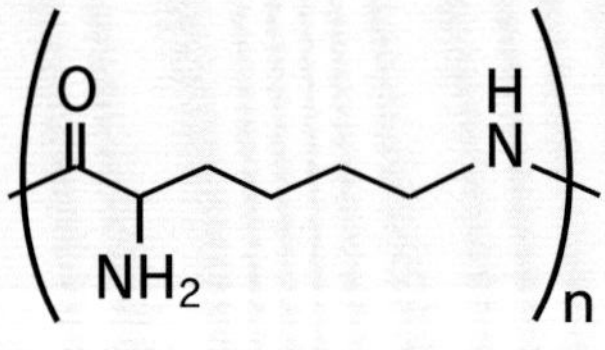

O H N NH_2 n

聚離胺酸的結構式

就像這樣，人們為了應對食材、料理、所需保存期限的不同，研發出了各式各樣的防腐劑，並持續汰舊換新，直到今日。當然，過程中也有些業者想要用粗劣的原料做成防腐劑，用不正當的手段魚目混珠。但這和食物中毒或者是危害健康應該是不同層次的問題。區分這兩種問題的差異，是討論食品添加物問題時最需要釐清的重點。

＊每日容許攝取量（ADI）的計算方式

這裡就讓我們來説明一下什麼是每日容許攝取量（ADI）吧。某種食品添加物的ADI，就是指一天之內可以攝取多少這種食品添加物。訂定ADI時，會先進行各種毒性試驗，分析吃下多少量之後會開始產生毒性，依此計算出食品添加物的無毒攝取量，再取其百分之一的數值，就是這種食品添加物的ADI。因此，即使兩三天內都攝取了超過ADI的量，身體也不會出現任何問題，敬請放心。

由聯合國糧食及農業組織（FAO）與世界衛生組織（WHO）聯合設立的食品添加物專家委員會「JECFA」，會對各種食品添加物進行分析評價，確認其安全性與信賴度。有人説，某些公司會為了自己的利益，請公司御用學者（笑）「研究」出他們想要的結果，並依此訂定標準。但這要花費的金額實在太過龐大，在現實中實在是不可能的事。

近年來，煽動人們對食品的不安，叫人「千萬別吃這個」類型的偽科學書籍中，常常只列出食品添加物毒性實驗的結果，説吃下肚後可能會致癌、可能會生出畸形胎兒，閱讀這些書籍的時候必須特別注意。這些實驗想研究的是這些食品添加物的毒性，而為了知道吃下多少才會中毒，往往會在實驗中讓動物吃下極端的量。只拿這些極端的實驗結果就説食品添加物有毒並不科學，依照這個邏輯的話，人吃下200～300g的鹽就會死掉，幾乎所有食品都會變成毒物。尤其這類書通常會扭曲實驗結果，甚至誇大其辭説企業為了利益而隱瞞了食品添加物的危險性，這類言論過激的書不在少數。不論是作為「一位科學家」，或是「一個企業」，都不可能會因為一時的利益而罔顧食品的安全性。

＊如何解讀毒性標示

介紹完ADI之後，接著就來說明用來表示物質毒性的半數致死量（LD50）吧。

舉例來說，前面介紹的山梨酸，其LD50為7.4～12.5g/kg。某些偽科學書籍中，在介紹山梨酸的時候，會提出這個數值並說「這是只要10g就會致人於死的高危險性化合物」。確實，如果有某種東西只要10g便能致人於死的話，這毫無疑問就是毒物，但上述解釋在計算上犯了一個很大的錯誤。LD50的單位是「/kg」，也就是說，這指的是動物每1kg的體重，要攝入多少這種物質才會致死。再來，因為這是「半數致死量」，所以就算吃了那麼多，也不會全部都死亡。

正確來說，如果有一群人的體重皆為50kg，當每個人都吃下10.5×50＝525g的山梨酸時，10個人中會有5個死亡，LD50是這個意思。525g……用砂糖來比喻的話，要吃下約58大匙才會死掉。用常識就可以判斷，一般情況下根本不可能吃進那麼多的食品添加物。而且這又不是會累積在體內的成分，如果因為這個數字而感到恐懼的話，那就太無知了。

所謂的毒，在不同「量」的情況下可能是有毒也可能是無毒。藥物如果太少的話就沒有效，太多的話就會有副作用，和這是同樣的道理。然而即使知道這個道理，如果一開始就對食品添加物抱持「有毒」的偏見，便很容易會被有心人士欺騙。請特別注意。

參考文獻：
＊1 谷 勇、相良知子、柴田洋文，《日本細菌學雜誌》No.30，3月號，495頁（1975年）。
＊2 “WHO Food Addictives Series 5”, WHO geneva(1974), p34

用聲音的力量浮起來 !?
超音波飄浮

難易度 ★★★★★

對應的教學大綱 物理基礎／聲音與震動

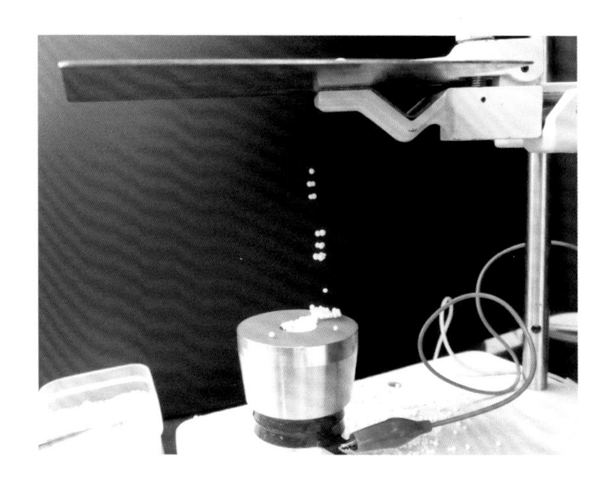

實驗主題

用眼睛看不到的力量，讓物體浮在空中！？在最先進的半導體零件製造過程中，也常使用這種技術。讓我們來試試看這個用「聲音」讓物體浮起來的實驗。

如果要毫髮無傷地搬運重要物品的話……可以用空氣的力量讓它浮起來!?

各位在搬東西的時候，如果不希望東西受損會怎麼做呢？用柔軟的布捲起來、戴上手套再搬、用氣泡布捲起來再搬……方法應該有很多種。不過，要是想搬運的東西連接觸到布都會受損的話，又該怎麼辦才好呢？這問題就有點困難了吧。

事實上，電視與智慧型手機內部的某些零件就是那麼脆弱。如果這些零件浸在水中也沒關係的話，搬運時就會讓它浮在水面上，但如果是對水比較敏感的零件，就不能用這種方法了。這時就會用另一種方法，那就是讓它浮在空氣中，用空氣來搬運。

從以前開始，Canon製的相機就會用超音波技術改變透鏡的位置，使焦點落在想要的地方。而近年來，更是開發出了以超音波將半導體等超精密零件浮在空中、任意移動的技術。要是我們可以用超音波讓各種東西都浮起來搬運的話，或許會是件相當方便的事。這次我們要做的就是這種夢想般的實驗。雖然本實驗沒辦法讓太重的東西浮起來，但我很期待各位讀者在未來能開發出新的相關技術。

基本實驗

01 飄浮在空中的保麗龍球

準備材料

超音波振動子：可在網路商店購得。這次實驗所用的是超音波清洗機的振動子。阻抗35Ω以下、電容330pF、50W。

函數產生器：可以產生40kHz以上振動的函數產生器。

聲音放大器：輸出須50W以上。

保麗龍球：直徑1.5mm左右的保麗龍球。可以在網路商店購得。

反射板：金屬製的板子。

鱷魚夾 2個、音源線 1組、喇叭線 1組

鐵架、夾鉗、廣用夾、湯匙、止滑墊

函數產生器。

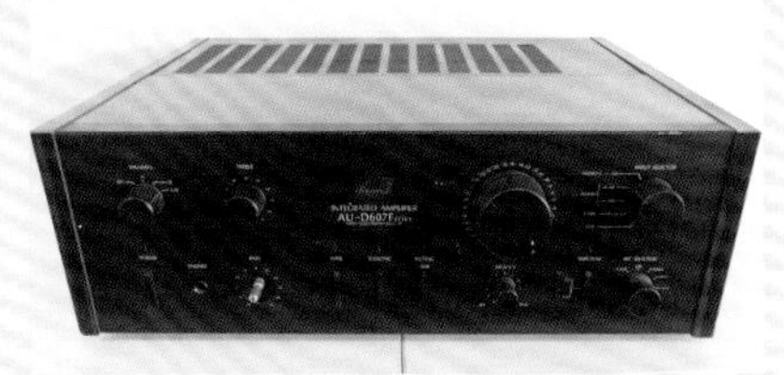

聲音放大器。

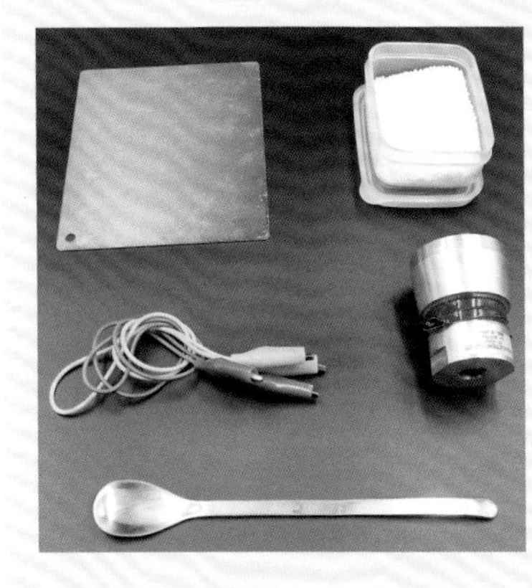

（上）反射板、保麗龍球。
（中）鱷魚夾、超音波振動子。
（下）湯匙。

超音波振動子運作時會產生足以燙傷人的高溫，每次實驗請不要連續開啟超過1分鐘。如果要重複實驗的話，請等裝置冷卻後再進行。另外，超音波振動子本身便帶有靜電，會讓人觸電。實驗結束後請一定要將端子接地，以消除靜電。

實驗步驟

1. 實驗裝置的整體圖。請參考以下照片，將函數產生器、聲音放大器、超音波振動子連接起來。

2. 設定函數產生器發送40kHz的訊號，輸入至聲音放大器增幅，再將這個訊號由音訊端子輸入至超音波振動子。

3. 將金屬板固定在超音波振動子的上方10cm處，作為超音波的反射板。

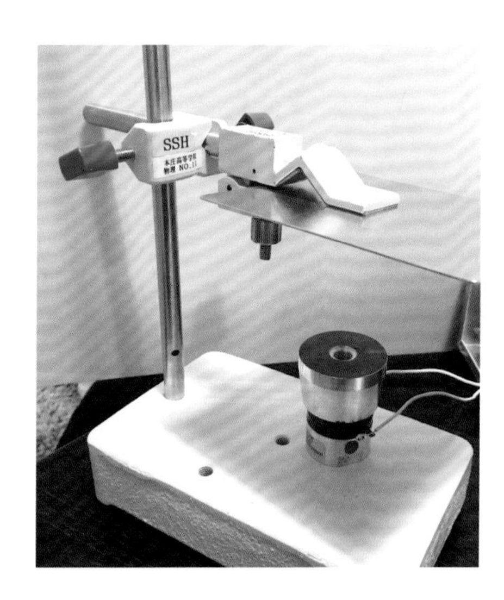

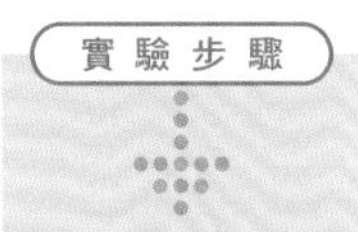

4 以函數產生器輸出約40kHz的訊號，波形為sin波。

5 接上聲音放大器的電源，將音量調到最大。

6 調整函數產生器的頻率，使超音波振動子的振動幅度最大，並使輸出頻率固定在這個頻率上。

7 用湯匙舀一匙保麗龍球，放在超音波振動子和金屬板間的空間，使其振動。

8 成功使保麗龍球浮在空中！
這時，振動子的溫度會變得非常高，千萬不要觸碰！！

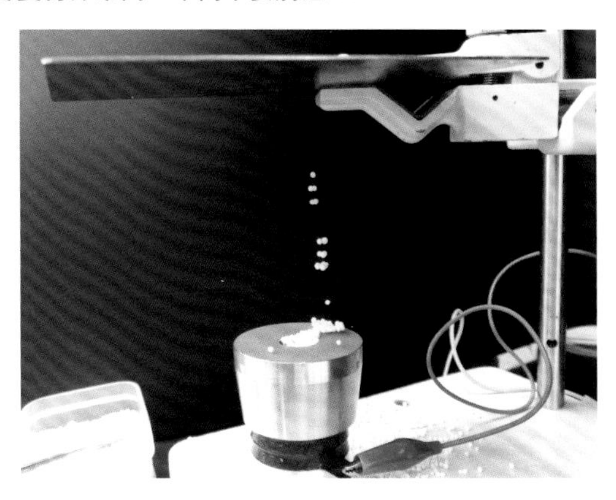

＊製作超音波振動子

超音波振動子是由兩片面對面的金屬板所組成的電容，有其原始電容量。因此，若想讓較大的電流通過振動子，就必須建構共振迴路。在開始設計這個實驗時，我曾想要在聲音放大器和振動子之間加入一個自製線圈，做成RLC迴路。不過就算沒有放入自製線圈，也可以藉由聲音放大器內的線圈形成迴路，故不需要加入其他迴路。

超音波振動子。

另外，最好不要用焊接的方式連接超音波振動子和聲音放大器。因為在40kHz的振動頻率下，很容易產生金屬疲勞而使電路斷開。

＊注意事項

實驗時，有幾個必須特別注意的地方。

首先，超音波振動子的輸出為50W，又是共振迴路，在如此高的功率下，會對聲音放大器造成很大的負擔。另外，輸入至超音波振動子的能量中，有很大的一部分會轉換成熱量，使振動子的溫度高到會燙傷人。因此，通電1分鐘左右之後就要切斷電源，等待裝置冷卻下來。

超音波振動子內的金屬板振動時，便會產生超音波。在靜電力的作用下，金屬板會時而彼此吸引、時而彼此排斥，形成振動狀態。因此金屬板上會有靜電，靠近的話會有觸電的感覺。實驗結束後，請注意一定要用端子之類的東西接地，消除靜電才行。

＊超音波可以使物體浮起的原因

各位有看過用來清洗眼鏡的超音波清洗機嗎？將眼鏡放入裝有液體的金屬容器內，打開開關後，就會發出「嘰——嘰——」的聲音，使眼鏡上的污垢紛紛浮出液面。如果注意觀察液體內部的話，應該可以看到裡面有一些氣泡好像要浮起來卻又浮不起來的樣子，只是在液體內不斷振動。我在數十年前第一次觀察到這種現象時，雖然覺得很神奇，卻也沒有仔細去研究為什麼會這樣。要是我那個時候就認真去思考它的原理的話，說不定就可以製作出新型的機器。現在，有許多人投入相關研究，嘗試用超音波使物體飄浮在空氣中，並藉此移動、搬運物體。其原理與液體中漂浮的氣泡相同。特別是在半導體的製造過程中，這種技術可以讓物體在搬運時不會受損，是必要的技術之一。

＊什麼是超音波？

話說回來，各位知道什麼是超音波嗎？沒錯，就是人類耳朵聽不到的超高音。這個實驗所使用的是4萬Hz（＝40kHz）的超音波，也就是1秒內可振動4萬次的聲音。電視或收音機在報時的時候會發出「嗶、嗶、嘣」的聲音，這裡的「嗶」聲是440Hz。實驗用的超音波就是這個聲音的振動頻率將近100倍。

那麼，為什麼聲音可以讓物體浮起來呢？要說明這點，需要一些背景知識，讓我們一起看下去。

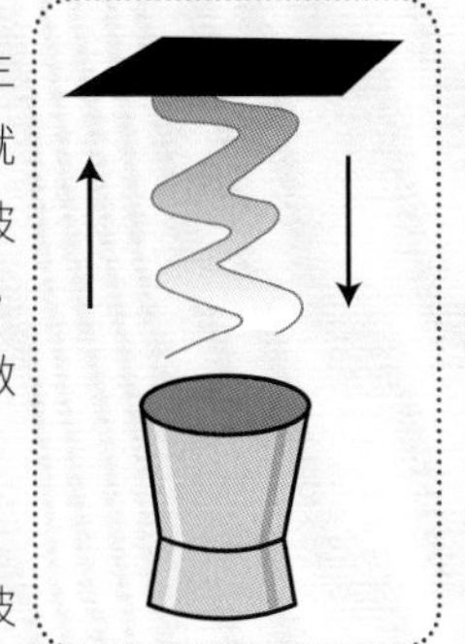

聲音就是空氣的振動。空氣中的振動會產生波，這個波會在空氣中傳播，碰到其他物體時就會反射，如右圖所示。當反射後的波與原生的波重疊時，從外面看起來，波就像是停止了一樣。這個現象又叫做「重合」，而形成的波又叫做「駐波」。雖然聲音是叫做「疏密波」的縱波，不過下一頁的圖中，我們會用橫波來說明。

聲音持續發出，並彼此重合之後，便會以波

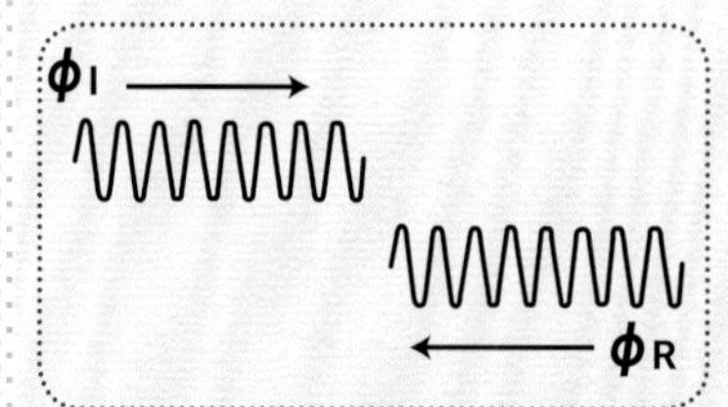

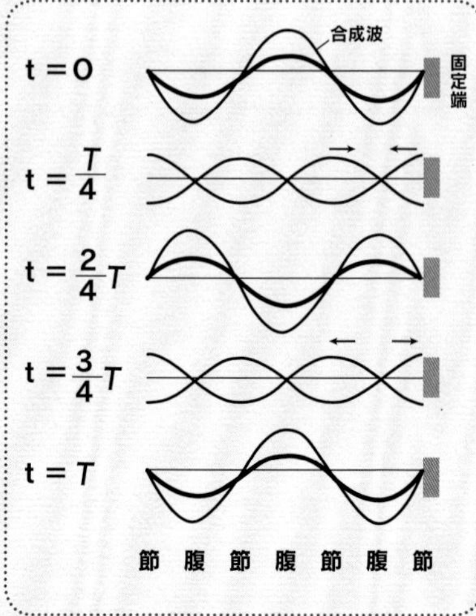

的形式將能量累積起來，使其中的物體隨之移動。而空間中動起來的物體會逐漸聚集到某些地方（又被稱為粒子速度的波腹），並停留在那裡。這就是聲音可以讓東西浮在空中的原理。若能量太少的話，聲波輸出的力道會支撐不住物體的重量，使物體落下，不過只要能量夠大，便能使物體在空中取得平衡。

＊漂浮物的間隔

漂浮的物體會聚集在駐波的波腹附近。而波腹與波腹的間隔為波長的一半，室溫為20℃時，

由於 $\text{波長(m)} = \dfrac{\text{音速(m/s)}}{\text{頻率(Hz)}}$

故 $\dfrac{\text{波長}}{2} = \dfrac{343.5\text{(m/s)}}{2\times 40{,}000\text{(Hz)}}$

$= 4.3\times 10^{-3}\text{m}$

也就是4.3mm。

實驗 No.14
Experiment

不需要電源的電力!?用超音波元件發電

難易度 ★★★☆☆

對應的教學大綱 中學理科／各式各樣的能量與能量間的轉換

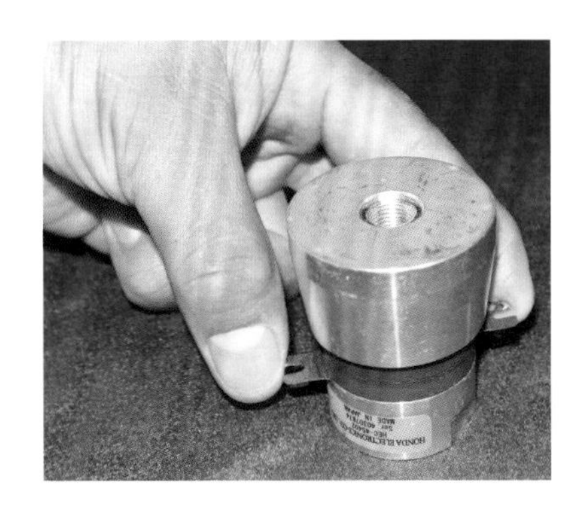

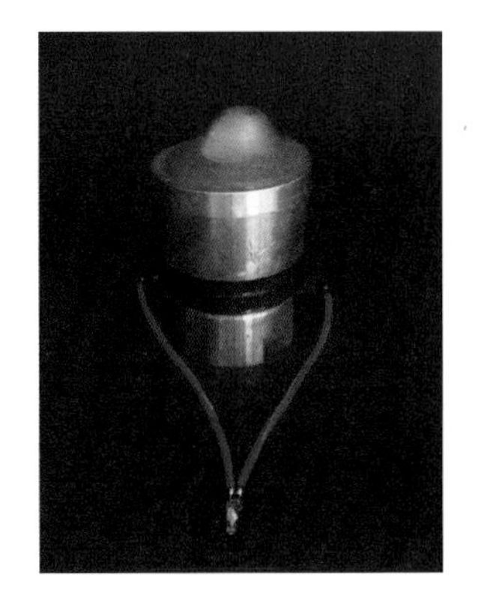

明明沒有接上任何電源，卻會產生電能的神奇實驗。雖然原理稍微有些難懂，不過這毫無疑問的會是一個能引起學生興趣的實驗！

14

能親自體驗到
從熱能轉換成電能之過程的實驗

在本書第147頁的實驗中有用到可產生超音波的元件，以下將介紹利用這種元件來發電的實驗。

超音波振動子本身就能夠產生電能，有些感應器便是藉由這種性質發揮功能。在做過超音波漂浮實驗之後，可以進行本節的實驗，讓學生們更加深入瞭解這種元件。超音波振動子可以在不使用電池與電源的情況下產生電能，讓學生們親眼看到整個「發電」的過程。因為這不像太陽能光電板一樣照到光就可以發電，所以乍看之下可能會覺得難以理解其中的原理，但只要改變演示實驗的方式，就能讓學生們看到將熱能轉換成電能的過程。

為了讓學生們親身體驗「能量」這種難以理解的概念，本實驗將使用Langevin振動子進行能量轉換，並進一步討論、研究其原理，藉此引發學生們的興趣。

基本實驗

01 只要加熱就可以發電！Langevin振動子

☑ 準備材料

Langevin振動子：由本多電子株式會社所販賣的產品，在日本國內很好取得，Amazon或樂天等網路商店就可以買得到。名為「HEC-45282」的產品既便宜又好用，不到5000日圓就可購得。

烙鐵：便宜的即可。

Langevin振動子。

也可以用噴槍加熱，但若要改用噴槍的話，請小心用火。另外，如果要用烙鐵的話，請注意不要被燙傷。

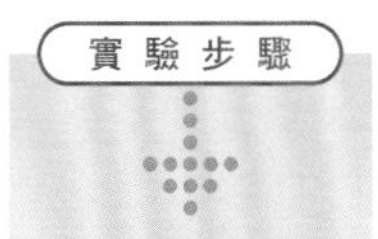

1. 將烙鐵放在Langevin振動子的上方，加熱數十秒。

2. 空手觸碰Langevin振動子的兩端，應該會有微弱的觸電感。

基本實驗

02 用冰讓氖燈管發光

準備材料

Langevin振動子
氖燈管
冰

實驗步驟

1 將Langevin振動子與氖燈管彼此連接。

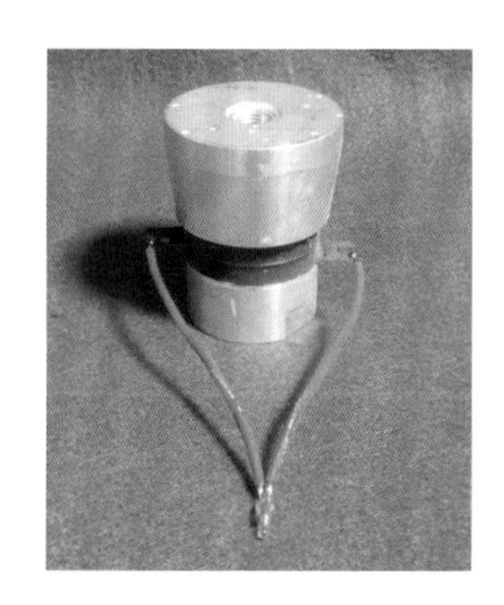

2 在Langevin振動子上方放置冰塊。

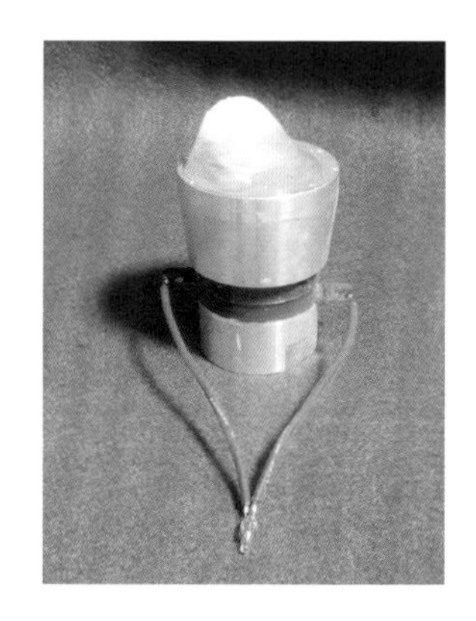

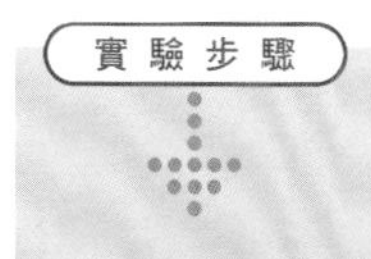

3 應該可以看到氖燈管以2Hz左右的頻率一閃一閃地發亮。

解說

＊什麼是Langevin振動子？

本實驗是用超音波元件的「熱釋電效應（pyroelectric effect）」來發電。為了方便我們確認熱釋電效應，這次我們使用的是Langevin振動子。Langevin振動子是用一種名為PZT的陶瓷材料製成的強力超音波元件，本書第147頁中的超音波實驗也是使用它。PZT即鋯鈦酸鉛，是一種機械效果很強的常見陶瓷材料，熱釋電效應也很強，因此可說是最適合本次實驗的元件。

Langevin振動子內有兩塊PZT板，且費了不少工夫在提升振幅上。它的電路是由兩個並列相連的迴路構成。

＊熱釋電效應的產生條件

若想要讓Langevin振動子產生熱釋電效應，只要使其產生劇烈的溫度變化就可以了。至於熱源，只要像這次實驗一樣使用烙鐵、熱水或冰就夠了。實驗01中，我們用烙鐵將Langevin振動子的上端加熱數十秒，光是這樣就可以讓Langevin振動子的兩端產生超過100V的電位差。

不過，Langevin振動子可以承受的溫度是有上限的。作為其心臟部分的PZT陶瓷材質，在超過一定的溫度限制時，會失去其介電特性，這個溫度又被稱為居禮點。為了使PZT保有其機械性的功能，PZT會經過所謂的分極處理，要是溫度過高時，這種處理也會失效，使Langevin振動子失去其作為超音波元件的功能。因此，如果要用噴槍加熱的話，請特別注意不要過度加熱。一般而言，PZT的居禮點約為300℃左右，如果用冰或熱水來做實驗的話，就不會有問題了。

*為什麼冰可以讓氖燈管發光？

Langevin振動子的熱釋電效應所產生的電能，其電流供給能力較低，故可用來建構簡單的弛張振盪迴路。實驗02中，我們將冰塊置於Langevin振動子的上方，而冰可以冷卻Langevin振動子的鋁製外殼，再進一步冷卻內部的振動陶瓷材料。如同我們前面提到的，當Langevin振動子的PZT有數十度的溫度變化時，就可以產生100V以上的電位差。這個數字已經超過了氖燈管的崩潰電壓（break down），故氖燈管會以約2Hz的頻率閃閃發光。當Langevin振動子的端子電壓降至小於崩潰電壓時，光就會消失，而熱釋電效應又會再讓電壓上升超過崩潰電壓，使氖燈管發光……在溫度達到一定平衡前，會一直重複著這樣的循環。發光時間隨著實驗條件而略有不同，不過一般來說都可以維持30秒至1分鐘左右。

當Langevin振動子整體逐漸冷卻，溫度變化緩和下來之後，便無法產生能點亮氖燈管的電壓了。不過，如果這時候把冰移除的話，雖然比冷卻時微弱，卻可以看到氖燈管偶爾發出光芒。這是因為Langevin振動子從冷卻狀態下恢復室溫時，也會產生熱釋電效應，使氖燈管發光。Langevin振動子在恢復室溫時，正負極會倒過來。

*加熱時須注意的地方

本實驗是使用烙鐵加熱，不過用噴槍加熱也可以。如果要用噴槍加熱的話須特別注意，當Langevin振動子變涼的時候，噴槍燃燒所產生的水蒸氣會凝結成水滴，附著在表面上。如果水滴附著在電極處的話，便有可能會漏電。

另外，如果加熱過度的話，可能會使其溫度達到介電材料特有的居禮點，使元件劣化，故請不要加熱過度。

＊什麼是熱釋電效應？

熱釋電效應是陶瓷材料等強介電質，在急遽加熱或急遽冷卻等溫度變化下，產生電位差的現象。由溫度變化產生電壓，就是熱釋電效應的一大特徵。講白話一點，就是能夠利用溫度變化來發電。天然礦物中的電氣石（tourmaline）也有這種特徵。

電氣石如其名所示，有著帶電的性質。放在展示盒內展示時，會在照明器具的光熱下被加熱，而產生電位差。數kV的電位差可產生相當強的靜電，吸引周圍的塵埃聚集，所以博物館等地方擺出來的展示盒中，電氣石的周圍經常會累積許多塵埃。

類似的現象還包括賽貝克效應，這也是由溫度差產生電動勢的效應。這種效應常被應用在熱電元件等有冷卻功能的元件上。熱電元件除了可以作為電腦CPU的冷卻元件之外，也可以用在車上冷藏庫等裝置的冷卻上。賽貝克效應中，溫度差可產生電流，而熱電元件便是利用這種效應，藉由電流來移動熱能。

回到主題，熱釋電效應的最大特徵，就是可以用很簡單的方法產生很大的電位差。常見的陶瓷材料中，由於PZT材料應用範圍廣泛，故由其製成的產品也很容易購得。前面提到的Langevin振動子就可以輕鬆產生數kV的電壓。鈮酸鋰與鉭酸鋰等材料，甚至可以輕鬆產生數十kV的超高電壓。

＊應用熱釋電效應的產品

在我們的周遭已經可以看到許多應用熱釋電效應的產品，最常見的應該是人體感應器吧。人類所發出的紅外線可以加熱裝置內的結晶，並因此而產生電動勢。若使用熱釋電係數高的結晶，並使用靈敏度超高的聲音放大器，便可將這種物理現象應用在我們的生活中。

在做完這個神奇的實驗之後，老師可以多加介紹在我們的生活周遭中，有應用到這種物理現象的產品，藉此來回答「這些知識對我們有什麼幫助」的疑問，並進一步讓學生們思考「還可以有哪些應用方法」。

事實上就是這麼簡單！自製化妝水

化妝品往往被視為「女性專用的東西」，而讓男性們敬而遠之。本節將從化學的角度來說明，我們周遭的化妝品，其實也是相當厲害的科學結晶。

只要知道化妝品可能會有哪些效果就不會被可疑的廣告欺騙了！

化妝品對許多女性而言是最親近的東西，卻對（大部分）男性而言是最遙遠的物品。本節將聚焦在化妝品主題，介紹化妝品是由哪些化學物質組成的。

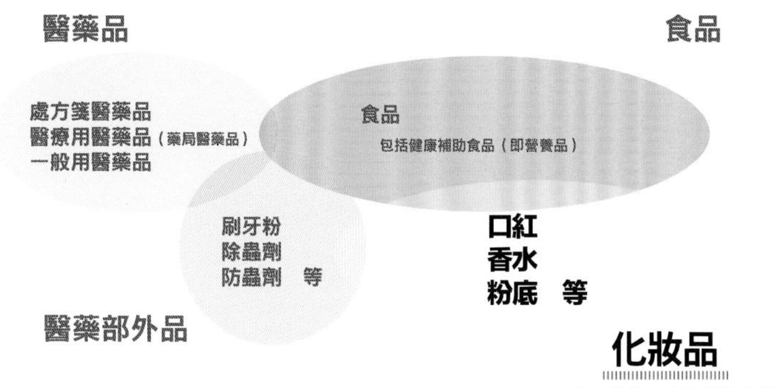

注：此為日本法規的分類。

化妝品位於上圖的右下方。由於化妝品也能使用砂糖、胺基酸等食品成分，故和代表食品的圓圈有些微的重合，不過化妝品通常不會含有任何醫藥品成分，故與代表醫藥品的圓圈離得最遠。

在日本的藥事法第二條第三項中，化妝品的定義指的是「可清潔、美化人的身體、增加魅力、改變容貌，或者是為了讓皮膚看起來更加年輕、毛髮看起來更加健康，以塗抹或其他類似方式使用在身體上為目的，對人體的作用較緩和的物品」。

這些成分包括了我們在說明洗髮乳時提到的界面活性劑、氧化鋅與二氧化鈦等無機顏料、植物油脂與動物油脂、維他命及其衍生物等等，種類相當豐富，已登記的成分就超過了8000種。不過，不管是哪種成分，要用在化妝品上時，都須符合「作用緩和」的條件，故調製化妝品時，可使用的成分與分量都被限制在一定範圍內，不遵守這些規定的東西不能當作商品拿出來賣。所以即使化妝品的成分種類繁多，相同目的的化妝品，大致上也不會相差太多。

換言之，化妝品能做到的只有「讓外表看起來更漂亮、保持清潔、保濕、保護皮膚不受紫外線刺激」的程度而已，不被允許擁有讓皮膚白化、讓斑點消失等需要從皮膚內側改變皮膚性質的「藥效」。

也就是說，「美白」化妝品所說的「美白」，是指「讓您的皮膚看起來更白」，而不是改變皮膚的組成、減少黑色素「讓您的皮膚真的變白」。

當然，其中也有些藥用化妝品宣稱它們有藥效，而這些商品會以醫藥部外品的名義販賣，廠商除了需要化妝品製造販賣許可證以外，還需要申請醫藥部外品製造販賣許可證。市面上確實有部分商品含有真正有療效的成分。

但無論如何，化妝品畢竟不是「醫藥品」，不可能會有強烈的藥效。化妝品不可能改變體質，只要記住這個基本原則，就不會被許多商品廣告迷惑了。

本節將介紹如何自行製作化妝水，這是唯一一種自製產品比市售商品還要棒的化妝品，理由將在後面詳述。

基本實驗

01 用藥局就買得到的材料製作化妝水

準備材料

純水 500ml

甘油 10～30ml（冬天的話就30～50ml）

玻尿酸：進入冬天之後，加了玻尿酸的化妝水用起來會更有感覺。有些零售店家會賣自製化妝品用的少量玻尿酸，與其向化學藥品廠商購買，不如找這些店家購買。

薄荷等藥草的精油：可以準備自己喜歡的種類。

小燒杯：先以純水潤洗。

這次的材料一覽。

自製化妝水與市面上的商品不同，不含防腐劑，故必須保存於冷藏庫中。夏天要在兩週內用完，冬天則要在一個月內用完。故請在瓶子上以麥克筆標註製造日期。

實驗步驟

1 將甘油倒入以純水潤洗過的燒杯至定量，然後將其倒入純水的瓶子內搖晃混合。

2 如果是冬天的話，可加入少量的玻尿酸，用起來會更有感覺。玻尿酸在水中的溶解速度較慢，第一天須充分搖晃混合，接著靜置於冷藏庫內兩～三天，就能完全溶解。

*為什麼會建議自製化妝水呢？

化妝水與其他化妝品稍微有些不一樣，其主要功能並非妝點出皮膚的美，而是藉由保濕功能，讓皮膚得以休養生息，故一般化妝水都是含有甘油或鯊烯等保濕成分的水溶液。

另外，由於化妝水一般會放置在常溫下，若要作為商品販賣，就必須得加入防腐劑防止其壞掉。所以大部分的化妝水內都含有某種形式的防腐劑或安定劑。

不過，化妝水的主要成分都可以在附近的藥妝店內買到，材料取得容易，而且如果時間不長的話，放在冷藏庫保存便足以防止其腐壞，因此可說是化妝品中，極少數相當適合自製的產品。

化妝水的成分基本上就是甘油和水這兩種東西而已。隨著季節與各人膚質差異，可以調整甘油和水的比例，製作適合自己的化妝水。基本上，

夏天時每500ml的純水加入10～30ml的甘油，較乾燥的冬天則加入30～50ml的甘油就可以了。測量時也不需要分毫不差，不必使用量筒之類的工具，用小燒杯就可以了。

冬天時，只要加入少量玻尿酸，就可以大幅增加化妝水和皮膚的親和性，就像是高級化妝水的觸感一樣好。除了玻尿酸之外，還可以加入薄荷或其他藥草的精油，提高自製化妝水的附加價值。

化妝水最好能在皮膚變乾之前使用，故建議在洗臉完或泡澡後的10分鐘內使用化妝水，取適量塗抹在整個臉上即可。

＊代表性化妝品的成分

・化妝水／乳液

一般化妝時都會用化妝水打底，或者睡前在臉上塗上一層化妝水。其主成分為水和甘油等保濕成分。如果再加入油脂類成分使其乳化的話，就會變成乳液。本來必要的成分只有這些，不過要是把上述混合液放置在常溫下，或者在使用時以手觸碰容器的液體出口的話，很容易使液體滋生細菌。因此一般化妝水會加入對羥基苯甲酸酯或丙二醇等防腐劑，而乳液則會為了維持其乳化狀態而加入界面活性劑等。為了讓商品保有一定的穩定性，化妝品常含有各式各樣的成分。

化妝水這種東西基本上只要有保濕功能就可以了，所以很難做到商品差異化。各大廠牌為了與其他家做出區別，經常會標榜自己加了某些特殊成分，但其實並沒有什麼差別。

・粉底／眼影

粉底是為了隱藏皮膚的細紋、凹凸不平、斑點、暗沉等狀況而使用的化妝品，可說是最像化妝品的化妝品之一。

其成分包括滑石（$Mg_3Si_4O_{10}(OH)_2$）、玉米粉等澱粉類物質、二氧化鈦或氧化鋅等白色顏料，以及氫氧化鐵[II]（FeO(OH)）、氫氧化鐵[III]（$Fe(OH)_3$）等紅、黃色顏料，再加入可以讓這些成分融合在一起的石蠟、植物性油脂等油脂類物質，便可以得到一個與臉部肌膚親和力高、容易攜帶、具商業價值的產品。

眼影與粉底的成分幾乎相同，但為了呈現出閃亮的質感，眼影會加入雲母、藍色或紫色等寒色系的無機顏料（如群青或普魯士藍），或者是食品添加物中的有機色素（如食用藍色一號等）。

這些成分很單純，價格也非常便宜，讓人覺得自行製作好像也不難。但事實上，即使成分單純，調配的比例、如何混合這些粉末、如何加入油脂仍是一門很大的學問，要以個人的力量重現出來並沒有那麼容易，所以還是直接買化妝品廠商製作販賣的產品會比較好。

·口紅

將粉底與眼影中所使用的各種無機顏料與有機色素，與融點接近人體皮膚溫度的油脂混合後凝固，就可以得到口紅了。

由於口紅會直接接觸到嘴巴，因此必須拿捏好防腐劑的含量才行。而且為了不讓口紅在夏天時融化漏出，需要非常細微的調整，可說是一個相當需要技術的化妝品類。有些產品會加入維他命E（生育酚）當作商品本身的抗氧化劑，也可以防止嘴唇乾裂。

有不少女性會堅持使用特定品牌的口紅……只要備齊材料，要製作口紅並不是什麼難事，然而與粉底和眼影的情形相同，自製口紅很難重現出商品的樣子，故並不適合自己在家製作。

*無添加物、天然成分的產品比較好？

無添加物的化妝品比較好嗎？和提煉自石油的化學物質相比，來自植物的天然成分就比較好嗎？

有些人相信，只要是天然成分或者是無添加物的產品，就是最好的。先不管這種想法有多無知，讓我們回頭看看這種想法的起源。

之所以會有那麼多人信奉天然成分，是因為第二次世界大戰後的混亂期間，原料的品質相當不穩定，許多化妝品使用粗劣的礦物油（精製過程粗糙，仍殘留許多來自石油的高刺激性化合物）製成，造成大批使用者皮膚受損，於是許多媒體便大幅報導使用天然油比使用礦物油還要安全，至今仍是如此，這可以說是天然成分信仰形成的契機。現在，我們使用在傷口上的凡士林是提煉自礦物油，而許多種植物油也有刺激性，所以光從產品的成分是天然還是合成、植物性還是礦物性，並沒有辦法決定產品的好壞。

再來，化妝品的宣傳中，經常會看到「無添加」之類的文字。若我們深入研究這個詞，就會發現這個詞其實沒什麼意義。

事實上，日本法律上並沒有定義「無添加」這個詞的界線在哪裡，所以各大廠商可以任意賦予這個詞各種意義，也就是說這個詞其實沒什麼意義。日本管理化妝品的法律於2001年時經過一次改正，規定廠商有義務列出所有成分。在這之前，只有一部分的成分有義務列出，這些成分又被稱為「舊標示成分」。而廠商在銷售不含這些成分的產品時，就會說「因為不含舊標示成分，所以是無添加的產品」之類毫無邏輯的胡說八道。

由以上的說明可以知道，這些宣傳文字對於我們判斷產品好不好沒什麼幫助，那麼各位會問「該怎麼選擇適合的產品呢？」此時，如果我說「我推薦這個產品」的話，就太不專業了。因為人的膚質不僅會隨著年齡改變，而且不同人對於同一種化合物有不同的耐受度，同一種成分對不同人的效果也不一樣。在這個個人差異很大的領域，幾乎可以說「沒有一種產品能適合所有人」。

不過，依目前的日本法律規定，除了原料附帶添加物（carry-over）之外，化妝品有義務標示出所有成分，因此我們可以將適合自己使用的成分縮小到一定範圍內。縮小範圍的方式也很簡單，只要每天使用化妝品，測試其塗抹時的觸感、顏色、使用上方不方便等等，並確認使用後皮膚是否出現異常就行了。

特別是第一次使用某種化妝品時，可以用便條紙之類的東西，記錄自己是幾月幾日開始使用的。若皮膚發生問題時，這些紀錄應該能對醫生的診斷有所幫助才對。

一般而言，測試期間可以設在兩週左右，隨時保持注意，要是皮膚出現問題時就馬上停止測試，這樣就比較不會讓皮膚的狀況陷入無可挽回的地步。

皮膚的表皮約一個月左右便會更換一次，如果是很淺的傷口或者是表面的損傷，很快便能痊癒。然而真皮的復原需要較長的時間，如果是紫外線或藥物造成真皮受損的話，三十歲以前的人需等待一到兩年（有時可能需要三年）才能復原，年紀更大的話就需要數年至十年才可以復原。年紀愈大，由化妝品造成的皮膚傷害就愈難以復原。請各位要記得這點。

有時在塗了防曬乳後，會覺得防曬效果不好，就是因為表皮與真皮受損後的再生速度不同的關係。

使用化妝品時有個大前提，那就是要確認在使用化妝品前皮膚的衛生狀況是否良好。是否在擦有粉底等化妝品的狀態下就寢、是否清潔過度、是否有確實防範紫外線、是否有做好保濕工作。只要先做好這些基本的皮膚保養工作，讓皮膚本身就很漂亮，這樣就不需要塗上厚厚的一層妝了。

＊過去的人們所使用的危險化妝品

由考古研究的出土品顯示，在人類的文明出現以前，原始人便會用顏料塗在臉和身體上，藉由化妝來達到驅魔的效果。古羅馬時代便已存在許多化妝品。

許多文化圈在中世紀以前就已經有化妝的行為，他們和現代人一樣，想要「讓別人看到自己美麗的一面」。令人意外的是，因為歐洲基督教禁止化妝，故化妝文化在歐洲停滯了很長一段時間。不過到了中世紀晚期，社會上突然出現了許多化妝品，其中甚至有許多化妝品用了現代人無法想像的有害化合物。

舉例來說，當時為了讓皮膚看起來更白，使用的粉底是水白鉛礦（Hydrocerussite），也就是所謂的鉛白。鉛白現在也會少量用於油畫顏料上，但如其名稱所示，這種物質含有鉛，自然沒有用在現在的化妝品上（如果要讓皮膚看起來更白，通常會使用防曬乳也有用的二氧化鈦）。鉛白的化學分子為鹼性碳酸鉛（$2PbCO_3Pb(OH)_2$），自然界中會在金屬鉛的附近產出許多鉛白，既容易取得，又沒有急性的毒性作用，故以前的人們不太會把鉛白當作中毒的原因。在日本，從江戶時代一直到明治初期，一直都有使用鉛白的紀錄。

鉛白的製作方法相當簡單，將金屬鉛與醋酸混合在一起煮沸，使其蒸氣在一平面上冷卻，便會在該平面上產生一層粉，將這些粉蒐集起來後，就是化妝用的鉛白粉。當然，因為這是鉛的鹽類，要是每天塗在臉上的話，對身體會有不良的影響。而那個時代的人們還沒有精製的概念，所以製造出來的鉛白含有許多其他重金屬，這些重金屬雜質也使許多人的身體變得不健康。

除此之外，也有人刻意服用水銀化合物（大概是升汞，也就是氯化汞）引起貧血，或者藉由放血讓自己進入貧血狀態，讓臉看起來更白。據說還有人使用含有亞砷酸的化妝水，雖然這種化妝水的效果並不明朗。由於過去人們就知道如何從天然的砷化礦物與金屬砷化合物中提煉出砷，因此只要用稻草包住含砷的材料，水蒸加熱後，將剩下的灰溶於水中就可以得到含亞砷酸的化妝水。砷有細胞毒性，吸收砷的細胞會出現局部組織壞死的現象。另一方面，被生物體吸收的砷元素會與表皮細胞的硫醇基結合，使本來擁有硫醇基的酪氨酸激酶的活性增強。

這樣一來會造成黑色素分泌異常增加，導致砷黑皮症。患者的皮膚會變黑、出現色素沉澱現象。乍聽之下似乎和美白完全相反，不過一段時間後，黑素細胞便會過勞死亡，使皮膚脫色出現白斑，隨著白斑陸續出現，便得到了病態的美白效果。這種方法的副作用除了砷中毒的各種影響之外，皮膚也會因為細胞密度下降而變得又薄又脆弱，輕輕碰一下就有可能會劃破皮膚。

另外，也有人為了放大瞳孔，讓黑色眼珠看起來更大，而將洋金花的萃取液滴入眼睛。洋金花含有阿托品（Atropine），現在也被用來治療青光眼（不過現在通常會使用相對安全，且可以化學合成的托平卡胺（Tropicamide））。但由於在白天時使瞳孔放大，所以會對眼睛造成很大的負荷，甚至有失明的危險。

現在當然不再使用這些危險的化合物製成化妝品，不過只要翻閱女性雜誌，就會發現到處都可以看到「讓您變得更白！」之類的美容液，或者是「只要～就可以瘦下來」之類誇大不實的美容方法。就這點而言，過去和現在似乎也沒有差多少……（苦笑）。

作者介紹

早稻田大學本庄高等學院 實驗開發班

＊影森 徹（Kagemori Touru）

於早稻田大學本庄高等學院教授物理，擔任理科主任。

以實驗為基礎進行授課，其獨特的教育方式獲得許多人的關注。除了指導中小學生教師的實驗以外，亦擔任理科部的顧問，教出許多科學競賽的獲獎者。

過去曾擔任上智大學理工學部的兼職講師，以及日本物理教育學會常務理事。

＊荻野 剛（Ogino Gou）

2010年，日本第一個以獨自開發的手製特斯拉線圈控制音階，並成功發表這個技術。於千代田區主辦之「3331 Arts Chiyoda」的Extreme DIY中，成功以特斯拉線圈進行合奏，被稱為是新時代的超級樂器而成為流行話題。在手作領域中，從金屬加工到電子控制皆得心應手，可說是十項全能的達人。目前於早稻田大學本庄高等學院進行SSH的指導。近年來在電力的無線傳輸上有革命性的發現，發表於電器資訊通訊學會，活動範圍廣泛。

＊笠木 卓哉（Kasaki Takuya）

大學時曾學習過植物組織培養技術，並以此為契機，在自家嘗試植物培養實驗。

主要專長為食蟲植物的無菌播種，自家時常保持著100瓶以上的培養物。

夢想是「讓組織培養成為自由研究的主流」，並持續在網路上宣傳簡單的植物培養方法。

＊中川 基（Nakagawa Hajime）

以生物化學類的實驗實習為主要領域的科學作家。

於奈良先端科學技術大學院大學、日本藥學生聯盟（APS-Japan）、河合塾、和光大學皆有演講活動。近年著作包括《真的很可怕嗎？食物的真面目（本当にコワい？食べものの正体）》（すばる舎リンケージ）、《日本藥妝店全攻略指南》（商周出版），後者甚至暢銷到出了中文版。以其它筆名進行漫畫、戲劇、電影的科學監修工作之外，亦有許多科學專業的著作。

滿足好奇心！開拓新視界！
比教科書有趣的14個科學實驗 II

2019年 9 月1日初版第一刷發行
2020年11月1日初版第三刷發行

作　　者　早稻田大學本庄高等學院 實驗開發班
譯　　者　陳朕疆
編　　輯　邱千容
美術設計　黃郁琇
發 行 人　南部裕
發 行 所　台灣東販股份有限公司
　　　　　＜網址＞www.tohan.com.tw
法律顧問　蕭雄淋律師
香港發行　萬里機構出版有限公司
　　　　　＜地址＞香港北角英皇道499號北角工業大廈20樓
　　　　　＜電話＞（852）2564-7511
　　　　　＜傳真＞（852）2565-5539
　　　　　＜電郵＞info@wanlibk.com
　　　　　＜網址＞http://www.wanlibk.com
　　　　　　　　　http://www.facebook.com/wanlibk
香港經銷　香港聯合書刊物流有限公司
　　　　　＜地址＞香港荃灣德士古道220-248號
　　　　　　　　　荃灣工業中心16樓
　　　　　＜電話＞（852）2150-2100
　　　　　＜傳真＞（852）2407-3062
　　　　　＜電郵＞info@suplogistics.com.hk
　　　　　＜網址＞http://www.suplogistics.com.hk